ルポ 食が壊れる

私たちは何を食べさせられるのか？

堤 未果

文春新書

1385

はじめに

１９７３年に公開された、リチャード・フライシャー監督の米映画『ソイレント・グリーン』を観たことがあるだろうか？

舞台は２０２２年のニューヨーク。

温暖化による環境破壊で耕作地が全滅、人口が４０００万人に激増し、深刻な食料不足の中、人々はホームレスとなっていた。

経済は完全にコントロールされ、一握りの特権階級以外の人間は、研究室で人工的に作られた高タンパク食品「ソイレント・グリーン」の配給で生き延びている。

チャールトン・ヘストンが演じる主人公、ニューヨーク警察のソーン刑事は、ひょんな事からソイレント社の秘密に近づいてしまう。政府と企業とマスコミが、グルになってひた隠し、国民には一切知らせず、知った者は皆、命を落とす。

ソイレント・グリーンの原料についての恐ろしいこの秘密はラストで明かされ、ソーン刑事の絶叫で幕を閉じるという、まさに食のディストピア映画だ。

新鮮な肉や野菜という本物の食べ物が、宝石以上に高価になってしまった世界。

それは果たして、フィクションだろうか？

実は今、私たちの住むこの世界でも、静かに〈食〉のリセットが進んでいる。

２０２０年６月。

オンラインで開かれた世界経済フォーラム（ＷＥＦ）で、クラウス・シュワブ会長とイギリスのチャールズ皇太子（当時）は、２０２１年の年次総会のテーマとして、全ての人の運命を変える、ある計画を発表した。

〈グレートリセット〉だ。

年に一回開かれるＷＥＦ年次総会では、世界中から招待された、億万長者と有力者たちが、今後世界を引っ張ってゆく方向性と戦略を話し合う。

会議の内容は、深刻だった。

新型コロナウィルスに気候変動、人口は増え続け、森も水も大気も動物たちも虫の息、化石燃料は枯渇し、増え続ける人口を養うための食料生産はとても追いつかず、もはや地球は限界だ。

今こそ全てを壊してガラガラポン、新しい仕組みを作らねばならない。

食システムをリセットするための組織「ＥＡＴ」を基に、米国、ＥＵ、アジア、南米、アフリカ、オーストラリアなど、世界各地をつないだ、新しい食システムの大計画が進められてゆく。

資金協力で顔を並べるのはマイクロソフト創業者のビル・ゲイツに、穀物のカーギル、種子のシンジェンタ、畜産のタイソンに、化学のバイエルにユニリーバ、ワクチン大手のグラクソ・スミスクライン、流通のアマゾン、そしてテクノロジー最大手のグーグルだ。

２０２１年２月に、著書『地球の未来のため僕が決断したこと』を出したビル・ゲイツによると、解決策は私たち人間が肉食をやめることと、ＡＩが制御するデジタル農業だという。

気候変動もウィルスも待ってくれない。

感染症の脅威を高める、不衛生で、危険で、大量の温室効果ガスを出し、土壌を劣化させ、水を枯渇させ、人間をウィルスとの危険な接触に晒《さら》す農業や畜産は、できるだけ早く、最新テクノロジーで置きかえなければならない、と。

タンパク質は、今や技術で作れるようになった。

農民がいなくてもＡＩがデジタル農業を営み、土がなくても野菜は育ち、鶏や豚や牛や魚や乳製品は遺伝子操作とバイオ技術で作り出せ、必要な栄養も全て添加できる。

人類は、かつてないほど進化したテクノロジーの時代に突入したのだ。

そして、こうした技術は未来の食と農業を持続可能にし、私たちは気候変動やウィルスや、食料危機の不安から解放されるという。

もう食料を生産するために、人間が畑にいる必要すらなくなるのだ。

ただし、個人に任せていては間に合わないとして、世界経済フォーラムとＥＡＴは、国連や各国政府と連携し、直接ルール変更するよう、指示を出している。

〈食のグレートリセット〉に沿って、ヨーロッパでは、政府が畜産頭数を制限し、家畜の出す温室効果ガスに課税し、肥料を危険産業廃棄物に分類し、農家による伝統的な種子保存を犯罪化し、農地を回収する政策が始まった。

米オレゴン州で準備されているのは、肉の販売と消費を事実上禁止し、家畜の人工授精や去勢を「性的暴行」とみなす新しい法律だ。

日本でも菅義偉元総理・岸田文雄総理共にグレートリセットへの協力を宣言しており、農水省がロボットやＡＩなどのテクノロジーとバイオ技術を軸にした「みどりの食料システム戦略」を打ち出している。

一連のこの流れによって特需の恩恵を受けるウォール街は、笑いが止まらない。

パンデミックと食料危機とに紐付けられた「気候変動対策」に、各国政府から巨額の税金が投入され、ＳＤＧｓ（持続可能な開発目標）や気候変動関連の投資商品が売れに売れ、今や飛ぶ鳥を落とす勢いだからだ。

前著『デジタル・ファシズム』では、行政、通貨、教育の３分野に台頭してくる最新デジタルテクノロジーがもたらす、光と影について書いた。

今、同じデジタルテクノロジーによる一元支配が、いよいよ食と農の分野に参入し、急速に勢力を拡大してきている。

テックの巨人ＧＡＦＡＭにアリババ、アグリビジネス大手のバイエル（旧モンサント）、コルテバ、シンジェンタ、カーギル、ＢＡＳＦ、国連に世界銀行……世界をターゲットにして、この巨大市場を舞台に、凄まじい競争が繰り広げられているのだ。

本書の目的は、個別のフードテックやスマート農業の是非や、安全性の仔細を論じることではない。

食をめぐる世界市場のその裏で、今一体何が起きているのか？

つながれてゆく点と点が線になり、面になり、そこに現れた立体的近未来に、あなたは背筋が凍るだろう。歴史を紐解き、事実を丹念に拾い集め、各国の現場にいる人々の証言と共に、読者が未来を考え、選び取るためのツールを差し出してゆく。

救世主に見えたものが、実はディストピアの予兆かもしれない。

一つ確実に言えることは、〈食のグレートリセット〉が、こうしている間にも着々と進行していることだ。

真実を知り、大切なものを守るのは今しかない。あなたの家の食卓が、知らぬ間にすっかり入れ替えられてしまう前に。


第1章では、本物に近い味と食感を植物と遺伝子技術で再現し、動物を殺さずに気候変動や貧困を救うとして話題を呼んでいる〈人工肉〉について、その生産過程と原材料、子どもたちを狙ったマーケティングの表と裏を取り上げる。

第2章では、研究室で作る海のタンパク質〈培養魚〉から〈人工母乳〉、〈合成生物〉に

〈ワクチン野菜〉と、最新ゲノム編集技術が生み出すフードテックを紹介し、経済学が生物学を飲み込んでゆく潮流を紹介する。

第3章では、食を生産する農地をめぐる壮絶なマネーゲームと、巻き返しを図る遺伝子組み換え業界、巧妙に侵食されてゆくウクライナや日本について見てゆく。

第4章では、環境問題の「犯人」として槍玉に上がる牛について取り上げ、大規模な工業型畜産がもたらした破壊と、知られざる土壌と牛の共生関係を見つめ直す。

第5章では、いよいよ食と農業分野に参入してきたテック巨人とアグリビジネスのタッグが、生産から流通、食卓までを全て握る〈デジタル農業〉と、国境を越えて敷かれつつある新たな支配構造について考察する。

こうした流れが進む一方、近代化した工業的手法や気候変動でボロボロになった食と農を、テクノロジーとは真逆の形で救おうとする、もう一つのリセットも世界各地で進んでいる。

こちらのプレイヤーは、小規模農家や先住民、ささやかな規模で生産する農村や、子どもたちの食を守ろうとする親たちに教育関係者、自治の力で立ち上がる地方行政や協同組合、誰もが役割を持つ共同体を作り、微生物の声を聞き、私たちの想像を超えた勇気と知恵で、壊れた地球を再生しようと試みる人々だ。

第６章では、もはや輸入依存ではもたなくなった我が国の食と農を再生する知恵を持つ何人もの猛者《もさ》たちが登場する。多くの日本人がまだ知らないであろう、この国が持つ宝物の数々を紹介したい。

そして第７章で示すのは、この先も人類を養うだけでなく、全てのいのちにとって持続可能な未来を可能にする、世界各地からのヒントの数々だ。

人類が誕生して数万年、かつて食の文明史上、これほど大きな岐路に立たされたことが、果たしてあっただろうか。

どちらの側から見るかによって、世界は１８０度姿を変える。

だが、方向を定め、その先の未来へギアを入れるのは、私たち自身なのだ。

ルポ　食が壊れる

私たちは何を食べさせられるのか？◎目次

第3章　土地を奪われる農民たち――食のマネーゲーム2・0

第4章　気候変動の語られない犯人——〝悪魔化〟された牛たち

第5章　〈デジタル農業計画〉の裏——忍び寄る植民地的支配

第1章　「人工肉」は地球を救う？——気候変動時代の新市場

もう牛は殺さない「人工肉バーガー」

「そのバーガーを口に入れて噛んだ瞬間、味と食感に感激しました。まるで炎で焼いたような風味があって、パティは本物に近いんです。肉汁がソースのほのかな甘みと完璧に溶け合い、ピクルスの鋭い酸味と相まって、香ばしさと甘酸っぱさのハーモニーを作り出している感じでした。

ベジタリアンの妻も、牛を殺さないのが素晴らしいと喜んでましたね。値段が少々高いですが、地球環境が守られて、牛も人間もハッピーになる、ようやく夫婦で肉を楽しめる時代が来ましたよ」

２０１９年４月。アメリカで１００％植物性のひき肉から作られた〈インポッシブルバーガー〉をミズーリ州セントルイスのバーガーキングで食べた時の感動を、ミズーリ大学に通うリチャード・アロンソンはこう語る。

本人は肉を愛する20代の典型的アメリカ人、同じ大学に通う妻は動物愛護のベジタリアンだ。

「前に一度だけ、妻に勧められてしぶしぶ植物性バーガーを食べたことがありましたが、正直言ってパサパサしてとても食べられたもんじゃなかった。でもこのバーガーのおかげで、妻も今後は肉に近い食感を楽しめると思いました」

「奥さんはベジタリアンなのに？」

スーパーの棚のインポッシブルバーガー

　私が聞くと、リチャードはうなずいた。

「彼女のようなベジタリアンの多くは、健康のためという以上に、倫理的な理由で肉を食べないんです。

　僕のようなハンバーガー愛好家のために、世界では数えきれない程の牛たちが虐待に近い形で育てられ、環境を破壊していると言ってね」

　ちなみに筆者も食べてみたが、確かに単品で食べるとかなり本物に近い。米国在住時代によく食べた、豆由来の野菜バーガーよりずっと弾力があって美味しかった。

　パティを提供したのは、インポッシブル・フーズ社。

　２０２７年には市場規模が１２３億２０００万ドル（約１兆８４８０億円、１ドル＝１５０円換算、以下同）、２０

３０年には２０２０年の8倍に膨れ上がると予測される、人工肉（動物由来肉の代替製品）業界における、トップ開発企業の一つだ。

２０１９年に上場した、カナダ、イギリス、イタリア、イスラエルなど3万ヶ所で販売し時価総額が9億ドル（約１３５０億円）のライバル企業ビヨンド・ミート社と並び、今世界中で、大いに注目されている。

牛肉の食感が楽しめ、味も美味しく、製造コストは安い。

子牛から肥育して出荷まで2年かかり、毎年大量の穀物飼料と1頭当たり4万リットルの水を消費する肉牛よりも、工場での加工は圧倒的にコストが安く、完成までの工程は無駄がなくスピーディだ。

さらに成分は大豆（ビヨンド・ミート社の商品はエンドウ豆製）なので、牛のように気候変動を引き起こすメタンガス入りのゲップもゼロ、人工肉はＳＤＧｓの観点からも、素晴らしく優秀だとアピールする。

牛肉だけで年間１２７億キロが消費されるアメリカで（米国農務省の発表データ）、人工肉が注目されているのは、ヴィーガン（肉・魚・卵といった動物性の食品を一切食べない生活スタイル）やベジタリアンのためだけではない。

インポッシブル・フーズ社、ビヨンド・ミート社の両方に、１００億ドル（約１兆５０００億円）規模の巨額出資をしているビル・ゲイツは、人工肉を普及させれば、世界が抱える最大の問題「気候変動」と「食料不足」を一度に解決できると呼びかけている。

「先進国の人間は最貧国に配慮し、全員が肉食をやめて人工肉に切り替えるべきです。大丈夫、味にはすぐに慣れるし、時間が経てばもっと美味しくなるでしょう」

そう、インポッシブルバーガーが、既存の植物由来製品との違いを見せつけた最大の要素は、「味」だった。

今まで植物肉のネックだった、パサパサした食感を改善するために、筋肉や血液中に含まれるヘムという化合物を人工的に培養し、本物の生肉に近い赤色を研究室で再現したのだ。

創業メンバーの一人で上級副社長のニック・ハラによると、創業チームには食の専門家が数人だけで、残りは理系の科学者が占めているという。

自身も化学工学とビジネス分野を渡り歩いてきたハラ氏は、各所ではっきりとこう言い放つ。

人間が動物性タンパク質を消費してきたことによって、地球上の鳥類や哺乳《ほにゅう》類の個体数はわずか40年で半減し、水源は枯渇し、土地は失われてきた。だが国連は２０５０年までに肉の消費量は今より7割増えると予測する。そこで、１００億の人口を養うために登場したのが人工肉なのだと。

だがもちろんそれだけではない。ブリュッセル自由大学バイオテクノロジー科のフレデリック・リロイ教授は、「インポッシブルフーズの肉はインポッシブルパテント（特許）と改名すべきだ」と言う。インポッシブルバーガーには、14件もの特許がついているからだ。同社は同じ技術で豚肉やチーズ、鶏肉も再現し、そこに人工の香りと味と食感を浸透させるための20種の特許を取得、さらに現在１００以上の特許を申請し、当局に承認されるのを待っている。

ビル・ゲイツの他にも、シンガポールの大手グローバル投資企業「テマセク」や中国国有投資ファンド「セイリングキャピタル」など、この分野には様々なグローバル投資家たちがこぞって出資しており、今後ますます伸びてゆくだろう。

環境と健康を破壊する〈畜産〉を廃止せよ

ヴィーガンたちの強力な支持を得たことも、人工肉業界にとっての追い風になっている。

パトリック・ブラウン氏

健康や宗教上の理由だけでなく、動物福祉と環境保護の両方を叶える人工肉は、近代的畜産に反対するヴィーガンの目指すものとピッタリ一致するからだ。インポッシブル・フーズ社の創業者パトリック・ブラウンは、自分のミッションはズバリ、「畜産をゼロにすること」だという。

これを素晴らしい企業理念だと絶賛するのは、国民の14％が肉を口にせず、１３０万人のヴィーガン人口が存在するという英国で、環境と健康を破壊する〈畜産〉廃止を訴え続けるロンドン在住の看護師、アイラ・ブラウンだ。

「家畜を育てるためだけに、世界の水の約3割、穀物の5割、土地の3割が使われ、飢えている子どもの9割が、その家畜が食べる穀物を作らされ、森は切られています。抗生剤やホルモン剤の残留した肉を食べることで健康にも悪いですし、一ヶ所に集めて大量生産する家畜に抗生物質を使うことで、薬剤耐性菌が発生して、人が病気になった時に抗生物質が効かなくなる大問題も起きている。家畜の飼育には膨大な量の水が使われて水不足の原因になっているし、水質も汚染される。

肉食は地球上から消滅すべきなんです」

アイラは70年代に米国で有名になった〈マクガバンレポート〉を引き合いに出し、その中に記述されている、赤身肉を食べることで発がん性が高まるリスクについて力説した。

マクガバンレポートとは、ジョージ・マクガバン上院議員が指揮を取り、世界３０００人以上の医療と栄養学の専門家の協力の元に7年越しで行った調査研究からなる約１０００ページ超の報告書だ。

がんや脳卒中、心臓病など、主要な病気は肉中心の食生活が原因だと指摘し、国家主導で食生活の改善を図るよう、政府に勧告した事で有名になった。

「私たちが食べる赤身の肉は健康に悪いんです。それだけじゃありません、本来牧草を食べる牛に穀物の餌を食べさせることで、炎症を引き起こすオメガ6脂肪酸も増えてしまう。

それに何より動物を傷つけるし、残酷な畜産は廃止しなければ」

「それは畜産というより、餌の中身や、育てる環境の問題では？」

アイラは私の問いかけには答えず、インポッシブル・フーズとビヨンド・ミートでは、後者の方が体に良い油を使っていておすすめだ、などと熱心に説明を続けた。

インポッシブルバーガーが、オメガ6脂肪酸の多いひまわり油を使っているのに対し、ビヨンドバーガーに使われているのはキャノーラ油、ココアバターなど、炎症を起こしにくい油だという。

「味はどうですか？」

「好みは分かれるかもしれませんが、インポッシブルバーガーの方がジューシーで美味しいですね」

前述したように、インポッシブルバーガーは、牛の血液中にも存在するヘム化合物を培養した成分を使うことで、リアルな味を再現することに成功している。

〈遺伝子組み換え大豆〉に母親団体が「待った！」

人工肉を血の滴《したた》るリアルな肉に見せる赤色を出す秘密は、マメ科植物の根の中のヘムこと〈大豆レグヘモグロビン〉にある。このヘムは自然の根からはごく僅《わず》かしか取れないため、全国の店舗に出すバーガーを作るにはとても量が足りない。

そこでインポッシブル・フーズ社の研究チームが思いついたのが、遺伝子組み換え酵母を使って人工的にヘムを作り出す手法だった。これならいくらでも大量生産でき、多くの人々に自慢のバーガーを提供できる、というわけだ。

だが、昔より食が健康や環境にもたらす影響に敏感な人々が増えている今、食品企業における〈遺伝子組み換え材料〉の使用は、大きな社会問題になっている。

特に、遺伝子組み換え穀物を手がける大手農薬メーカーのモンサント社（現バイエル社）が２０１８年に遺伝子組み換え種子とセット売りする除草剤の安全性をめぐる訴訟に負け、その後12万件以上の訴訟に対し１０９億ドル（約1兆６３５０億円）の和解金を支払った事件以来、この問題は世界中で論争を巻き起こしているのだ。

インポッシブル・フーズ社の人工肉は、ヘムを作り出す酵母だけでなく、肉自体を構成する大豆も遺伝子組み換えのものを使っている。

この事実が判明すると、たちまち食の安全や環境保護活動家、各種市民団体から、規制当局であるＦＤＡ（米国食品医薬品局）へ規制を求める署名が提出され、インポッシブル・フーズ社は集中砲火を浴びる事になった。

中でも正面切って強い批判の声をあげたのは、遺伝子組み換え食品と、生産時に使われる〈グリホサート系除草剤〉に反対する市民グループ〈Moms Across America（全米母親の会、以下ＭＡＡ）〉だ。

ＭＡＡの創設者のゼン・ハニーカットは、インポッシブルバーガーとビヨンドバーガーの両方の人工肉を第三者機関による検査にかけた結果、インポッシブルバーガーから、後者の11倍のグリホサート系残留物が検出された時のショックをこう語る。

「グリホサートは、わずか０・１ｐｐｂで腎臓や肝臓の中にある４０００以上の遺伝子機能を変化させ、実験室のネズミに深刻な臓器障害を引き起こすことが分かっている成分です。それがインポッシブルバーガーで11ｐｐｂというのは、危険なレベルの数値です。

インポッシブルバーガーには、動物実験で臓器障害を引き起こすことが確認されている遺伝子組み換え大豆が使われている上に、ＧＭ（遺伝子組み換え）酵母とＧＭ大豆レグヘモグロビンタンパクが含まれている。

消費者はこの事実をよく考えるべきでしょう」

ＦＤＡは、ヘムに加えて、ＧＭ酵母由来の大豆レグヘモグロビンを構成するタンパク質46種についても、人体における安全性を証明するよう命令したが、現時点でこれらについて同社からの回答はなく、試験自体も行われていない。

「あなた方の実施した検査結果をインポッシブル・フーズ社には知らせたのですか？」

「はい、知らせました。でも彼らは、私たちの検査の仕方がおかしい、と反論してきたのです」

創業者のパトリック・ブラウンは、こうした批判への回答を自社のサイトで公開した。強調されているのはＧＭ大豆の安全性と、情報の透明性を貫く自社のポリシーだ。

〈私たちは、ヘム生産にＧＭ酵母を使用していることを、当初からきちんと公開してきました。

オンラインＦＡＱ、ビデオ、ニュースリリース、特別レポート、ブログ、ＦＤＡ（米国食品医薬品局）に自主的に提出した膨大なテストデータ、そしてサンフランシスコ・クロニクル紙、ロイター、ガーディアン、ＢＢＣなど、多くのメディアで、遺伝子組み換え材料を使っていることを堂々と公表しています〉

〈米国で栽培されている大豆の94％は、除草剤の毒性に耐えられるように遺伝子操作されています。

この技術のおかげで、毒性の強い除草剤や土壌の炭素を損なう耕作に依存することなく、雑草をコントロールすることができる訳です。

そしてまた、１ポンドの牛肉を生産するために、餌として約30ポンドのトウモロコシと大豆が要りますから、牛肉でできたハンバーガーよりもインポッシブルバーガーを作る方が、はるかに少ない除草剤で済むでしょう。

　そもそも私たち人間が食べている大豆由来製品のほとんどは、遺伝子組み換え大豆と非組み換え大豆の両方で作られており、両者の安全性や栄養に、違いなどありません〉

　ブラウン氏は、遺伝子組み換え技術は、破滅的な気候変動と生物多様性の崩壊を食い止めるという同社の使命にとって、なくてはならない役割を果たしているという。

「インポッシブル・フーズ社は、何度も動物実験を繰り返して、特に安全性に問題はなかったという結果を示す大量の資料を、当局に提出していますね」

　ハニーカットにそう聞くと、彼女はため息をついた。

「ええ、していますよ。短期間の試験だけで、安全だとする資料をね。

　私たち消費者は、もっともらしい数字が並んでいる資料を見せられたからといって、はいそうですか、とすぐに引き下がるわけにはいきません。食品の安全性を確かめるために必要なのは、作っているメーカーが出す資料ではなく、第三者機関の、それも長期に渡る適切な安全テストの方だからです」

　新しい技術は可能性も未知数だが、安全だという確証もまた、存在しない。

だから国家と国民の運命は、その国の政府が持つ信念によって決まるのだ。

欧州なら「予防原則」をとるケースだろう。

だが本家本元のアメリカは違う。

イノベーションを優先する〈業界ファースト〉の国なのだ。

２０１８年7月23日。

インポッシブルバーガーの主要成分である〈遺伝子組み換えヘム化合物〉は、アメリカ当局の安全認可を取得した。

安全性テストがおかしい

だがアメリカにはもう一つの顔がある。

こうして政府が許可を出しても、納得のいかない市民がいれば、すぐに訴訟が起こされるのだ。

２０１９年10月。

インポッシブル・フーズ社のヘム化合物を安全な食品着色料として承認したＦＤＡに対して、今度は非営利団体〈食品安全センター（Center for Food Safety、以下ＣＦＳ）〉が異議を申し立てた。

その結果、全米の小売店への供給に滞《とどこお》りが生じ、〈血の滴るバーガーで有名なインポッシブル・フーズ社が訴訟で流血！〉などとあちこちで書かれ、同社はネットで大炎上、火消しに追われる羽目になった。

一方、インポッシブル・フーズ社を批判したハニーカットらのＭＡＡに対しては、遺伝子組み換え技術推進団体などからの、多方面にわたる誹謗中傷が一気にひどくなったという。科学技術を推進するある雑誌には、ＭＡＡが人工肉のグリホサート数値を公開した事について、こんな記事が掲載された。

〈ＭＡＡがインポッシブル・フーズ社を必死につぶそうとしているのは残念だが、その裏事情を見ればさもありなんであろう。

ＭＡＡの真の狙いは、遺伝子操作や、遺伝子操作技術を使って作られたワクチンやインスリンを、市場から全て排除することだからだ。

この団体がホームページ上で売りつけている怪しげなサプリの数々を見れば、消費者は用心すべきだろう。

それに比べて、インポッシブル・フーズ社の目指すものは、科学、消費者の選択、透明性に根ざしたアプローチで世界の食料システムを変革し、公衆衛生を向上させ、生物多様性を保全するという、極めて崇高なゴールである。

賢い消費者は、反ワクチン、反ＧＭＯ（遺伝子組み換え作物）などの似非《えせ》科学に騙《だま》されてはならない〉

〈似非科学〉〈怪しげなサプリ〉など、安全性に懸念を表明する側が批判される際に、日本でもよく見かける表現が並んでいる。

「遺伝子組み換え技術の安全性は、日本でも賛否が分かれるテーマです。

世界各地で健康や環境への被害が報告されているとする反対派と、科学的に証明された安全な技術だという推進派。

マスコミの大半は後者ですが、日本国民の多くは、そもそもこれが世界で論争になっているという、事実そのものをまだ知りません」

私が言うと、ハニーカットはうなずいた。

「ええ、どこまで行っても平行線です。

だから消費者は〈食べるものを選ぶ権利〉を失わないために、受け身でいてはダメなのです。食べ物であれ薬であれ、自分と家族の身体に入れるものについての情報は、マスコミヤメーカーをうのみにせず、自分の手で集めなくてはなりません」

２０２１年３月17日。

ＣＦＳは、インポッシブル・フーズ社を提訴した。

提訴チームのライアン・タルボットによると、遺伝子組み換えヘムを使用することを承認した際、ＦＤＡは肝心の遺伝子操作酵母の試験を要求せず、さらに安全性の根拠とされた論文はインポッシブル・フーズ社の関係者によって執筆されていた。タルボット氏は色素添加物としての安全性の立証方法がおかしいと指摘する。

「ＦＤＡは着色料として認可する前に、まず広範な安全性テストを要求すべきです」

だが、レイチェル・コンラッド広報部長（当時）は、ＣＮＢＣテレビのインタビューで、そもそも遺伝子組み換え作物の安全性に疑問を持つこと自体がナンセンスだと一蹴した。

「米国医師会、世界保健機関、米国科学・工学・医学アカデミーが皆揃って、遺伝子組み換え作物は人間が食べても安全であることに同意しているのですよ」

だがハニーカットは、こうしたメーカー側の態度について、消費者に注意を呼びかけている。

「例えばインポッシブル・フーズは『全米トップクラスの食品安全専門家パネルが、広範なテストデータを検討してＧＭ酵母由来の大豆レグヘモグロビンの安全性を満場一致で認めた』などと言っていますが、そのパネルの専門家は、自分たちで選んでいるし、裏づけとして出している論文も社員が書いています。

背景には、〈業界ファースト〉のアメリカを支える、ゆがんだ構造があるのです。

こうしたことは、他のＧＭ企業との間でも常に出てくるので、私たちにとっては珍しくありません。歴代の農務長官の経歴をみると、私の言う意味がわかりますよ」

確かに、トマス・ヴィルサック農務長官の経歴を見ると、１９９９年から２００７年まで務めたアイオワ州知事時代、業界への高い貢献度を評価され、バイオテクノロジー産業機構から〈ガバナー・オブ・ザ・イヤー〉として表彰されている。その後国政に進出し、オバマ政権の２００９年にアメリカ農務長官に就任、２０１７年までの８年間は、歴代のどの農務長官よりも多くの〈新規遺伝子組み換え作物〉を承認し、バイデン政権で再び農務長官に返り咲いたという、まさにアグリビジネスの代理人、通称〈ミスター・モンサント〉の名を轟《とどろ》かせている人物だ。

そして２０１７年から２０２１年にトランプ政権下で農務長官を務めたのは、ジョージア州知事時代にバイオテクノロジー産業機構の〈ガバナー・オブ・ザ・イヤー〉に選ばれたソニー・パーデュー。選挙の際は遺伝子組み換え最大手のモンサント社を筆頭に、アグリビジネス業界から33万ドル（約５０００万円）の選挙資金を受けとって当選した。

ついでに言うと、オバマ政権のＦＤＡ長官は、ヴィルサック農務長官と同じ、〈ミスター・モンサント〉の通称で呼ばれたマイケル・テイラーだった。

ハニーカットはこう続ける。

「まあ、そういう訳です。この国の食と農業の監督官庁は、アグリビジネスとズブズブですから、まず基本的にその前提からスタートしないと、話になりません。

私たちのような母親団体が一番心配しているのは、多くの消費者が、インポッシブルバーガーが温暖化防止だけでなく、健康にも良いなどと誤解していることなんです。

子どもたちの食べ物を選ぶ立場の母親や学校へ間違った情報が刷りこまれてからでは阻止するのは難しくなります。だからこそＭＡＡは、いまの段階での中立な安全性検査を大至急実施することを、行政に求めているのです。

トンデモ団体と言われようが、妄想に駆られたヒステリックな母親と批判記事を書かれようが、子どもたちが狙われてからでは遅いですから」

彼女の懸念は、すでに現実となっていた。

インポッシブル・フーズ社の真のターゲットは、子どもたちだったからだ。

学校給食に進出するインポッシブルバーガー

２０２１年５月。

インポッシブル・フーズ社は、プレスリリースを発表した。

〈我が社は米国農務省食品栄養サービス局からＣＮラベル（児童栄養認定）を取得して、全米の学校給食に参入するためのハードルをクリアしました。

ＣＥＯのパット・ブラウンは次のように述べています。

「学校は、子どもたちの食生活を形成する上で重要な役割を果たすだけでなく、気候変動とその原因に関する早期の教育においても重要な役割を担っています。

私たちは、全国の幼稚園から高校までの学区に、私たちの植物由来の人工肉を導入できる事を、とても嬉しく思っています」〉

２０１９年から続いていた、同社の遺伝子組み換えヘム製品の承認に対するＣＦＳからの申し立てが裁判所によって却下され、市場を広げる障害が、ついに取り除かれたタイミングでもあった。

プレスリリースでは、全米最大手の食品サービス企業ソデクソ社の上級マネージャー、マイケル・モリスの発言も紹介されている。

〈植物由来メニューを増やすことは、２０２５年までに二酸化炭素の排出量を34％減らすという我が社の戦略にとってとても重要です。

インポッシブルバーガーは間違いなく、10代の子どもたちを熱狂させるでしょう。この商品を普及させることは、その地区全体の二酸化炭素を削減するだけでなく、子どもたちが地球と自分との関係について深く考える、大変重要な教育にもなるのです〉

同社が発売する給食用食材第一号は、インポッシブルバーガーパティとインポッシブルチキンナゲットの２種だ。すでにこの時点で全米５００ヶ所の学校が給食メニューに導入し、２０２３年には全粒粉のチキンナゲットも導入が予定されている。

人工肉で貧困層も健康に？

環境保護に動物福祉という、社会的、倫理的な理由に加え、前出のアイラが言ったように、人工肉という新技術には、もう一つ大事なゴールがある。

肉食が健康にもたらすマイナスの影響から脱し、健康を取り戻すことだ。

拙著『ルポ　貧困大国アメリカ』でも取り上げたように、貧困層ほど食生活は、安価な動物性タンパク質やファストフード、添加物の多い加工品に偏り、健康状態が悪化するという負のループにはまりやすい。

取材した時、貧困地域ほどファストフード店は昼夜問わず家族連れでいっぱいなのが印象的だった。

インポッシブルバーガーがバーガーキングのメニューとして初登場したミズーリ州セントルイスもまた、人口の半数近くがアフリカ系アメリカ人、5人に1人が貧困状態にある街だ。

バーガーキングの他にも、マクドナルドやホワイトキャッスル、ケンタッキーフライドチキンなど、大手ファストフードチェーンで、人工肉が次々にメニューに導入されている。

貧困層の食生活の中心を占めるファストフードに人工肉というオプションが加わることで、彼らの健康にはどう影響するのだろう？

マサチューセッツ総合病院のシニア臨床栄養士、エミリー・ジェルソミンは、人工肉の健康へのメリットをこう語る。

「人工肉の最大のメリットは、本物の赤身肉の消費を減らせることでしょう。動物性タンパク質に含まれる、亜鉛やビタミンBのようなビタミンやミネラルは、赤身肉と同じか、それ以上に添加されていますし、コレステロールも一般的な赤身のパティが１００グラム当たり80ミリグラムなのに比べて、人工肉バーガーはゼロです。豆類は亜鉛や鉄分もしっかりとれますから、その部分では健康面での効果が期待できるでしょう」

ですが、とエミリーは続けた。

「人気の高いビヨンドバーガーもインポッシブルバーガーも、どちらもコレステロールは低いですが、塩分はとても高いし、添加物や保存料が多いので要注意ですね」

英国のハートフォードシャー大学栄養生化学科の研究者、リチャード・ホフマン博士もまた、人工肉バーガーが超加工品である事実を指摘する。

「人工肉の多くは植物由来をアピールしていますが、〈超加工品〉に違いありません。工場で作る際に、乳化剤や結合剤のような添加物もたっぷり使われています。

食べ続ければ当然、肥満やⅡ型糖尿病やがんのリスクが高まりますよ」

自身も20年以上ヴィーガンを続けている、大手自然派スーパーのホールフーズマーケット元ＣＥＯジョン・マッキーも、２０１９年8月21日のＣＮＢＣインタビューの中で、

〈人工肉＝健康〉という宣伝に対し、懐疑的コメントを出している。

「原料を見ると、明らかに超加工食品だからね」

100億ドルの新市場

私たちは果たして人工肉に、どこまで〈健康〉という要素を求めるべきなのか？

マンハッタン在住の証券アナリストで、フードテック株に力を入れるエリック・クロムウェルは、こうした検証自体が、ナンセンスだと言う。

「植物でできていようといまいと、そもそもハンバーガーを〝ヘルシー〟な選択として食べる人なんかいないでしょう。

確かにナトリウムの含有量は多いですが、正直言って赤身肉のバーガーとほぼ同レベルですよ」

「だとすると、人工肉の一番のメリットは何でしょうか？」

「気候変動対策です。温室効果ガスの50％以上を排出している工場型畜産は最悪です。

地球はもう持続不可能な地点にきているんですよ。グレタ・トゥーンベリに共感するミレニアル世代が、なぜ人工肉に好意的なのかわかりますか？

単に味や栄養の話じゃない、人工肉が、彼らの持つ〈高い環境保護意識〉に、ピッタリ一致するからなんです」

エリックは、２０２０年にアイオワ州立大学人間科学部食品科学・人間栄養学科が、中西部の大学生を対象に行った調査を引き合いに出した。

それによると、半数以上が植物由来の人工肉製品を食べた経験があり、彼らは総じて環境保護の意識が高かったという（Journal of Nutrition Education and Behavior, 2021 July）。

「確かに人工肉を販売する企業の多くが、環境保護や飢餓撲滅を強調していますね」

私の言葉にエリックは大きくうなずく。

「その通りです。ＳＤＧｓは、今や全ての企業が商品開発をする際の基本理念でしょう？

地球の破滅を少しでも食い止められるなら、多少の栄養の偏りや、動物実験や、遺伝子組み換えへの不安など、小さな問題にすぎません。

人工肉はまさに、未来の子どもたちのために広く普及されるべき、〈奇跡の商品〉と言えるでしょう」

嗅覚の鋭いウォール街は、２０１９年9月の時点で、米国証券取引委員会に、ヴィーガンと気候変動対策のためのＥＴＦ（上場投資信託）登録を完了している。

なにしろ、米国の牛肉・鶏だけで１兆ドル、たとえ１％でも参入すれば１００億ドルの市場規模なのだ（北米食肉協会データ）。

動物性タンパク質を拒否するヴィーガン式食生活と、気候変動対策に配慮している企業だけを集めたＥＴＦは、確かに今後間違いなく巨額のリターンをもたらす〈奇跡の投資商品〉だった。

培養肉の大量生産、大量消費時代が来る

テクノロジーはさらに進化する。

家畜どころか豆さえ使わず直接細胞から作る「培養肉」も熱い市場の一つだ。

２０２２年5月25日。

世界初の培養肉一般販売許可を手に入れた、米イートジャスト社の培養肉部門であるグッド・ミート社は、人工肉を培養する、巨大バイオリアクター建設計画を発表した。

同社はすでに２０２０年12月にシンガポールで培養鶏肉の提供を始め、米国でもＦＤＡに申請中、そしてこのバイオリアクターは、容量25万リットルで４階建ての高さと、ついに世界最大規模になる。

いよいよ細胞バンクや卵から採取された細胞を培養して作られる、培養鶏肉と培養牛肉の大量生産が始まるのだ。

２０２４年後半には10基のリアクターが操業を開始し、２０２６年までに年間１万１８００トン、２０３０年までには１万３７００トンの生産量を目指してゆく。

グッド・ミート社のHP。バイオリアクターを背景に「食肉処理のない肉」と謳っている

何万軒ものレストランで培養肉がメニューに登場する日が現実に近づき始めた。

イートジャスト社ＣＥＯのジョシュ・テトリックは、ガーディアン紙のインタビューでこう語っている。

「いつか孫たちにこう聞かれますよ。『どうしておじいちゃんたちは、２０２２年に、殺した動物の肉なんか食べてたの？』」

培養肉の最大のネックはコストだった。だが、２０２１年３月に、人工のタンパク質を推進する非営利のシンクタンク〈グッドフード研究所〈ＧＦＩ〉が発表した、培養肉の生産コストを予測した技術経済分析（ＴＥＡ）データは、業界を震撼《しんかん》させる。

２０１３年の世界初の試食会ではハンバーガー１個につき開発費含め32万５０００ドルだった生産コストは、〈やり方次第で〉、２０３０年までに１キロ６・43ドル（１０００円弱）という、驚異的水準まで下げられるという。

調査コンサルティング会社CE DelftがＧＦＩのために15社以上の民間企業から提供されたデータを基に作成したというこのレポートのインパクトは凄まじかった。

ＧＦＩは早速このデータを使って、各国政府に対し、人工肉研究開発への大口公共投資を働きかける、強力なロビー活動を始めたのだった。

巨額の税金が流れこむことで、市場はさらにスピーディに花開くだろう。

ＧＦＩの大口出資者は、人工肉はもはや人類に課せられた使命だとして旗を振る、マイクロソフトの創業者ビル・ゲイツだ。

培養肉のスタートアップ企業を支援する「起業マニュアル」を提供しているＧＦＩは、ゆくゆくはヴィーガン市場１００％を目指している。ＧＦＩの創設者で、自身もヴィーガン運動のリーダーだったというブルース・フリードリヒ社長は、培養肉のメリットをこう強調する。

「肉の過剰消費は、穀物の過剰生産を引き起こし、動物の権利を侵害し、森林破壊と生物多様性喪失の原因になっています。

牛肉のタンパク質を1グラム作り出すために消費する植物資源は25カロリー、鶏肉1カロリーのためには9〜10カロリーの餌をやらなきゃいけない。

これはつまり私たちが、1皿パスタを食べるごとに9皿捨てているのと同じなのです」

だがFood Navigator誌のデータによると、2030年までに世界の食肉の少なくとも10％を培養肉に置き換えるには、巨大バイオリアクター施設が4000基は必要になるという。

つまり、1割を置き換えようと毎日一つ建設しても、間に合わないのだ。

建設費用は莫大で、1基につき4億5000万ドル（約675億円）、4000基なら1兆8000億ドル（約270兆円）かかる。

一体この莫大な費用を、どうやって回収するのだろう？

実はGFIが独自に検証を依頼した別の科学者は、このTEAレポートとは、真逆の結論を出していた。

２年かけてこのプロジェクトをあらゆる側面から検証した結果、施設建設と培養の費用が高すぎて、経済的に成立しないという結論を出したのは、アメリカ国立再生可能エネルギー研究所で、技術・経済分析部門を担当するデヴィッド・ハンバード博士だ。

「私の計算では１キロ１００ドルで一般食肉の２００倍、それでは高すぎます」

ＧＦＩ所属アナリストの提案では、１基４億５０００万ドルというバイオリアクター建設に出資した投資家に、通常通り４年で配当を出すには、肉の価格に１キロあたり11・25ドル上乗せせねばならず非現実的だが、返済期間を30年に引き延ばせば何とか回るという。

だが投資家の目的は資金の回収であり、そんな悠長に待てる訳がない。

ハンバード博士はさらに、生産には、大規模培養施設だけでなく、同規模の無菌室も必要だという。

「動物細胞の培養液には免疫機能がありません。生きている動物と同じようにウィルスに感染しやすいので、一旦感染したらその肉は全て、廃棄しなければなりません。バクテリアも要注意です。動物細胞は成長が遅いので、バクテリアが発生したら数時間で培養液がダメになってしまう。培養肉を食品グレードで作るのは無理なのです。たとえ政府が許可しても、医薬品グレードでない限り、感染リスクを考えると成立しないからです」

博士によると、動物肉の培養に必要なクラス８の無菌室で年間１５００万ポンド（約６８００トン）生産するには、無菌室の設備だけで約５０００万ドル（約75億円）かかるという。

また、培養細胞が必要とするアミノ酸だけで、肉１キロあたり約３・５ドル追加され、牛ひき肉１キロの平均コストよりもはるかに高くなってしまう。

ＧＦＩの試算は中国のネットショッピングサイト大手「アリババ」で「有機肥料」として販売されている中国製の安価なアミノ酸を使う前提だが、人間が食べることを目的としていないため、重金属やヒ素、有機毒素などが含まれているリスクがある。動物の細胞は細胞壁がないために有害物質が細胞の中まで入ってしまう可能性が高く、安易に使うのは危険だという。

つまり、何百万人もの人を養うには大規模な施設と無菌室、安全なアミノ酸が不可欠であり、それらをそろえるとなるとコストに見合わないのだ。

だが、ＧＦＩはこれを受け入れなかった。「厳重な無菌室が本当に必要かどうかはまだわからない」と反論した上で、有名企業やシンガポール政府が投資していることこそが、この計画の有効性の証拠だと主張した。

その結果、１００ページを超えるハンバード博士のレポートは、オープンソースの研究論文アーカイブにひっそりと登録されただけで、業界にもメディアにも取り上げられず、その存在が知られることはなかった。

たとえ投資家たちから十分な資金が集まらなくとも、ＧＦＩには最後の切り札がある。気候変動や食料危機を理由にした「政府の公金」、つまり国民の税金だ。

経済的コストが見合わないと言われようとも、感染や有害物質など未知のリスクが指摘されようとも、このプロジェクトが必ず進んでゆくだろうことに、ＧＦＩは自信があった。

すでに、各国政府が、その方向で動き始めているからだ。

〈タンパク質危機〉を煽られ各国が参入

今のペースで人口が増え続けて気候変動が進むと、２０３０年には供給するタンパク質が足りなくなるという〈タンパク質危機〉を、世界経済フォーラムや各種メディアがくり返し呼びかけ、各国政府は代替タンパク質の研究開発スピードをあげている。

２０２１年３月。イスラエルの培養肉企業ミーテック社が世界で初めてナスダックに上場し、２２００万ドル（約33億円）を調達した。オランダでは２０２２年に培養肉の試食が合法化された。シンガポールでは２０２２年にアジア最大の培養肉工場が着工し、政府がこれを機に輸入依存からの脱却を掲げている。

日本で参入しているのは、大手食品メーカーだ。２０１９年に日本ハムが、培養肉のインテグリカルチャー社と動物細胞の大量培養技術の共同開発を開始、２０２２年３月には日清食品ホールディングスと東京大学が、共同研究していた「食べられる培養肉」作製に国内で初めて成功した事を発表した（第21回　日本再生医療学会総会）。

同年９月には、ユナイテッド・スーパーマーケット・ホールディングスが、植物代替肉のビヨンド・ミート社製品の国内独占販売契約を発表、傘下のスーパーであるマルエツ、カスミ、マックスバリュで、11月から「ビヨンド・ビーフ」の販売を開始した。

２０２２年６月には自民党議員20人が「細胞農業によるサステナブル社会推進議員連盟」を発足させ、日本国内で培養肉の開発予算投入と流通のための法整備を目指し始めた。

同議連の事務局長である中山展宏衆議院議員は、食品衛生法や安全性の確保、コストの問題などまだ課題はあるが、と前置きした上で、培養肉で消費者の選択肢を増やすことや、日本の海外食肉市場開拓の狙いについて語った。

「今、中国の食肉市場が急速に伸びています。２０１９年から予定していた中国への和牛輸出は有事で止まっていますが、日本にとっての大きなチャンスだと考えています」

「日本製の培養肉輸出ということですか？」

「はい、培養肉のタネ細胞を日本のブランド和牛から取るのです。イメージとしては、細胞を〈知的財産〉として預かって培養し、知財の取引にしていきたいですね」

「和牛の細胞をブランド化すると？」

「そうです。ブロックチェーン技術を使い、トレーサビリティを整備して、どこの和牛の細胞か一目でわかるようにします」

　日本国内で生産される牛肉には、牛の生年月日、性別、種別に母牛の個体識別番号、飼養場所の履歴まで全て辿れる10桁の個体識別番号が付けられている。海外でも高く評価されているシステムだ。

　牛たちは、もはやいのちを持った個体ではなく、特許のついた顔のない「細胞」になる。

「日本は法整備を急がないと、スタートアップ企業がみんなシンガポールやアブダビ、イスラエルに行ってしまう。韓国も国家計画に入ったし、中国も猛スピードで開発を進めています。今後我々もフードテック関連の国内企業に、どんどん補助金を入れていくつもりです」

２０２２年11月16日。ＦＤＡは、アップサイド・フーズ社が提出した培養鶏肉製品データを検証し、追加質問は不要との判断を公表した。この後、農務省の検査を経て承認されれば、いよいよ人類史上初の、生態系の外に作られた培養鶏肉の流通が始まる。

当局による事前審査や安全性実験はなく、メーカー側の書類チェックのみで信号は緑になった。無菌室からウィルスだらけの外界に、免疫を持たない丸腰で出される肉片が、私たちの世界に何をもたらすかは未知数だ。

私たちは工業的畜産がもたらした20世紀の優生思想を立ち止まり省みる間もなく、今度は動物の肉を大量に培養するという次の扉を開けてしまった。

大量の添加物を含む植物由来の超加工肉のために、今後大量に単一生産される遺伝子組み換え大豆が畑に与える影響や、それらを輸送する際の環境負荷は、動物福祉と気候変動対策の前でかき消されてしまう。

健康を害し、地球環境を破壊する肉食がますます悪とされる社会の中で、人工肉は肉を食べたいという私たちの欲求を諦めなくても、持続可能な未来を約束してくれる魔法のテクノロジーだろう。その供給を握る数社のグローバル企業にさしだす事になる、食の主権をのぞいては。

200兆円市場をめぐり、グローバル企業群の争いは、ますます熾烈になってゆく。テクノロジーによって、文明の中の「食」の位置づけは、想像もつかない形で変わり始めた。その魔法は、陸上だけでなく、海にも猛スピードで広がり出していた。

第2章　フードテックの新潮流

――ゲノム編集から〈食べるワクチン〉まで

海洋部門のトップバッター〈遺伝子組み換えサーモン〉

科学の力で作られるタンパク質の歴史は、もっと過去にまで遡《さかのぼ》る。

１９８９年に米アクアバウンティ・テクノロジーズ社が遺伝子組み換え技術によって通常の2倍の速さで成長するサーモンを開発、95年にＦＤＡに申請を出し、２０１０年に当局から、環境にも人体にも安全で従来の養殖サーモンと変わらないという所見を得て、２０１５年に認可をとることに成功した。

それまでにも動物の遺伝子組み換えは実施されてきたが、流石《さすが》に人間の食べ物となると市場に出る障壁は高く、さまざまな軋轢《あつれき》を生んできた。

最終的な承認を得るまで20年、「フランケンフィッシュ」などとおどろおどろしい名前で呼ばれ、消費者や生物学者からの反対に遭い、「遺伝子組み換え表示問題」でさらに叩かれる。

世界初の遺伝子組み換え動物として食卓に上る許可を得てアメリカで出荷が開始されたのは、開発から30年以上たった２０２１年5月末のことであった。

「ようやく船は、岸辺を離れて前進し始めました。我が社の遺伝子組み換えサーモンは、今後の有力な食料自給策として、大いに貢献するでしょう」

同社のシルヴィア・ウルフＣＥＯは、ようやくここまで来た安堵と喜びを表しながら、株主たちに力強くアピールした。

これが主流になれば、海洋プラスチック問題も、乱獲による絶滅危惧種増大問題も解決に向かう、一石三鳥になるのです、と。

だが喜んだのも束の間、船は再び暗礁に乗り上げることになる。

漁業者を代表する団体が、生態系への影響調査が不十分だとしてＦＤＡの認可取り消しを求める訴訟を起こしたのだ。

連邦地裁は認可取り消しまではさせなかったものの、訴訟のニュースは知れ渡る。

また、従業員の内部告発によって、水槽内のサーモンが「生産性重視」で非人道的密度にされていることや、遺伝子操作で成長を速められ胃が破裂するケースが頻発していること、高濃度アンモニアが付近の川に流されていること等の内部告発の文書が公開され、世界的ボイコット運動も高まった。

アクアバウンティ社の株価は現在も下がり続けている。

業界の次なるイメージ戦略

「消費者の皮膚感覚が市場を左右する食の業界にとって、遺伝子組み換えされた食べ物への抵抗はまだまだ強いですね……」

そう語るのは、ニューヨーク市在住の食品流通アナリスト、ジョシュア・ベライスだ。遺伝子組み換え食品は文字通り山あり谷ありの市場、次々に困難に見舞われているという。まだ新しい技術である上に、前述したグリホサート系除草剤の裁判敗訴の衝撃が今も尾を引いている。

バイエル側が判決に「納得いかない」と提訴して、ようやく2020年にEPA（米国環境保護庁）が、グリホサートの発がん性を否定する見解を発表、政府によるこの承認によってその後はバイエルが連続勝訴、規制していたEUも再承認の方向に向かい、一気に形勢逆転したかに見えたが、そうは問屋が卸さなかった。

政府が安全宣言の根拠にした論文が、実は査読も公開もされていない代物だったことを突き止めた市民団体が新たに訴訟を起こし、2022年6月に、連邦控訴裁判所からこんな判決が出されたのだ。

〈米政府のグリホサート再承認は違法。安全性評価をやり直すべし〉

　そこまで説明し終わってから、ジョシュア氏は長いため息をついた。

「モンサント社を買収したバイエル社は、株主たちへの説明と、次なるイメージ戦略に頭を抱えています」

「イメージ戦略？」

「ええ。食の世界ではね、一度ついた悪いイメージを覆《くつがえ》すのは至難の業《わざ》なんですよ」

　大切なのはイメージなのだ。

　モンサント社の開発史を遡るとよくわかる。

　同社の最初の成功は、自然分解せず生き物の体内で凝縮される殺虫剤「ＤＤＴ」だ。

　その後ベトナム戦争で化学兵器として使われた「枯葉剤」の販売で、さらに巨額の利益を手にし、次に遺伝子組み換えの種子とセット売りで世界的ヒットとなったグリホサート系除草剤がまたまた大当たり、押しも押されもせぬ世界トップ企業となった。

　同社が開発し特許を持つ〈遺伝子組み換え種子と除草剤のセット〉は、一度使うと毎年買わなければならないシステムになっており、面白いように利益をあげる。

　だが、その後、遺伝子組み換え種子によって、元々地域にあった在来種が駆逐されるリ

ニューヨークの反モンサントデモの光景

スクや、各地で報告される健康と環境への害、モンサントの種に「食」を支配されてしまうことへの警戒から、世界では「反モンサントデモ」が年々拡大、同社のイメージはどんどん悪くなっていった。

そこでバイオ業界と投資家は、売るための方法論を、発想を変えて生み出してゆく。

消費者が、〈バイオ技術〉で作り出された、別の食べものを受け入れ始めた時が、新たなチャンスになる。

そこから類似品を次々に参入させれば、強められた規制を別角度から緩めることは、さほど難しくないからだ。

そして業界は、他の生物の遺伝子を外から入れて変化させる「遺伝子組み換え技術」の代わりに、狙った遺伝子を破壊する酵素を導入することで遺伝子を直接操作する「ゲノム編集技術」にシフトし始めた。

ゲノム編集は自然界の変異と同じ!?

まず、ゲノム編集を起こさせる人工制限酵素遺伝子を、種子の細胞の中に導入する。その遺伝子が細胞の中で働き始め、細胞内の特定遺伝子を破壊するのだが、このままだと導入した遺伝子が残ってしまうので、特定遺伝子を破壊したその種子と、何もしていない種子を交配させねばならない。

交配してできた種は親から半分ずつ遺伝子をもらうので、子の種子が4パターン（①遺伝子破壊済み＋導入遺伝子残、②遺伝子破壊済み＋導入遺伝子なし、③遺伝子破壊なし＋導入遺伝子残、④遺伝子破壊なし＋導入遺伝子なし）出来たら、2番目の種子が〈ゲノム編集済み種子〉になる。

今までの品種改良は、変化に合った遺伝子を持つ個体を探してきて交配させていたが、ゲノム編集はもっとピンポイントで遺伝子を破壊するのが特徴だ。

メーカー側への訴訟が相次ぎ、発がん性の有無をめぐる議論はますます過熱、各国で消費者離れが進み、もはや頭打ちかと思われた「遺伝子組み換え作物」のピンチを救ったのが、まさにこの「ゲノム編集」だった。

2012年に発表され、2020年に開発者がノーベル化学賞を受賞した〈CRISPR-Cas9（クリスパーキャス9）〉という手法を使うと、DNAをハサミを使って切るように切断でき、果物や野菜、動植物の性質を変えられる。

花粉症の原因となるアレルギー物質を出さない杉の木に、筋肉質の家畜や魚、変色しにくいマッシュルームやアレルギー成分の少ない卵、血圧降下成分の多いトマト……、数え上げたらキリがないほど、商品企画のアイデアとマーケット成長の可能性が無限に広がる技術なのだ。

遺伝子組み換え技術と違い、ゲノム編集による遺伝子破壊は自然界で起きる変異と同等だというのが、開発者側が主張する、安全性の根拠になっている。

だが一方で、私たちは人類史上まだ誰も入ったことのない領域に足を踏み入れた。

ゲノム編集の主な手法である〈クリスパーキャス9〉を使って、ヒト胚を遺伝的に改変する実験では、狙った部位やその周辺に望ましくない大規模な変化が生じたり、染色体が損傷した事例などが報告され、安全性への懸念もまた、次々に明らかになってきている(Nature (2020-06-25) CRISPR gene editing in human embryos wreaks chromosomal mayhem)。

そんな中、一足飛びにゲノム編集食品の販売を開始したのは、他でもないここ日本だ。

２０１９年６月、米国のトランプ大統領がゲノム編集食品を推進し、規制を撤廃する大統領令に署名し、輸出先の国の貿易障壁を外す作戦をＵＳＴＲ（米国通商代表部）に指示したことは、多くの日本国民に知られていない。だが日本は忖度するかのように、厚労省が審議もなく性急に「ゲノム編集食品は品種改良と同じ」だとして、安全審査なしの流通を許可する方針を決定、10月１日から、国内で販売・流通の届出制度が開始された。届け出をするかしないかは企業側に任せ、「ゲノム編集」という表示義務もなしだ。

２０２１年９月、リージョナルフィッシュ社が、ゲノム編集したマダイ「22世紀鯛」の流通申請書を政府に提出し、日本はゲノム編集魚の販売開始を決定した、世界で初めての国になった。

「ふるさと納税」デビューしたゲノム編集魚

「宮津市のふるさと納税にゲノム編集技術で開発された『22世紀ふぐ』が登場しました！まさに未来の味です！皆さま応援よろしくお願いいたします！」

城崎雅文京都府宮津市長の、ハイテンションなつぶやきがツイッターに流れたのは、２０２１年12月10日のことだった。

ふるさと納税の返礼品に加わったのは、近畿大・京都大の共同研究を基に創業した企業リージョナルフィッシュ社（以下ＲＦ社）が開発したゲノム編集のトラフグ、その名も「22世紀ふぐ」だ。

ＲＦ社は、ノーベル賞を受賞した〈クリスパーキャス９〉を元に、品種改良より速くて安全な「ナノジーン育種」という手法を開発、体内の満腹感に関わる遺伝子を破壊することで、まるで過食症の魚のように、旺盛に餌を食べ続けて巨大化したトラフグを作り出すことに成功している。

梅川忠典ＣＥＯは、近大が特許を持つ優れた養殖技術と京大のゲノム編集技術のコラボで、日本は世界トップになれるという。

「22世紀ふぐ」は、通常の１・９倍の速さで成長する、つまり、お財布にも環境にも優しい魚というわけだ。クラウドファンディングが開始され、すぐに数百人が支援を表明、わずか１ヶ月で３９０万円の資金が集まった。

早速試食した城﨑市長は「ぷりぷり食感で最高でした」などと大絶賛、ツイッターに感想を流し、今後市をあげて販売に力を入れてゆく宣言をした。

だが、もともと魚が美味しいはずの宮津市で、なぜわざわざゲノム編集魚を返礼品に入れるのか？

市長が熱い思いを投稿したものの、その数日前に市議会で行われたやりとりを見ると、地元住民や市議たちの反応はかんばしくなかった。

「食べても身体に影響はないのか？」

「ゲノム編集された魚は安全なのか？」

「そもそもどんな経緯でゲノム編集トラフグが宮津市のふるさと納税に？」

多くの問い合わせを受けた市議会議員が、市民の不安を代弁して質問に立った。

これに対し行政側は、

「国が安全だと言っている」

「品種改良されて流通している食べ物と安全性は同じなので審査は不要」

などと回答。では宮津市独自で安全調査を、と打診されるも、

「調査費用がいくらかかるかわからないし、安全性の証明などできない」

で終わったのだった。

ゲノム魚に懸念を抱いた、宮津市の市民団体〈麦のね宙ふねっとワーク〉が厚労省に問い合わせたところ、こんな回答が来た。

〈当該生物について国が使用を許可するものではありません〉

何かあっても国は関知しない、ふるさと納税に導入を決めた市の自己責任ですよ、ということだ。

こうなるともはや、宮津市という一自治体だけの問題ではない。

続いて日本消費者連盟（以下日消連）が同省に問い合わせると、何と今度は回答そのものがなかったという。

そこで日消連は、22世紀ふぐとマダイの安全評価を何としても手に入れるべく、今度は開発したＲＦ社に、全てのゲノムデータに基づく安全評価と動物実験について公開質問状の形で問い合わせた。

だがこちらも回答はあったが具体的でなく、懸念は少しも払拭《ふっしょく》されない。

国内がダメなら海外だ。

ＲＦ社が学会誌に公表したゲノム編集マダイについての論文のレビューを、ドイツのバイオ技術影響調査機関「テスト・バイオテック」に依頼した。

同機関のクリストフ・ゼン事務局長は日消連のインタビューに答え、ＲＦ社のゲノム編集で巨大化する一方で体長が縮んだマダイの椎骨《ついこつ》位置が変わり、骨格障害を起こしている事を指摘、一体組成がどう変化したのか、食べた人間にどんな影響があるのかと懸念を表明している（「消費者レポート」１６５２号、２０２１年12月）。

人間に置き換えてみたらどうだろう？

通常のマダイ（右）に比べて1.2倍の身がある「肉厚マダイ」（左）

満腹シグナルを受容する遺伝子を破壊されれば、食べても食べても飢餓感がおさまらず、食べ続けずにはいられない。糖尿病や心臓病を発症し、重くなった体重を支える骨は当然歪んで膝がおかしくなるだろう。

だからこそ、これまでこの満腹シグナル受容体遺伝子を破壊する技術は、代謝障害による内臓疾患の研究に使われてきたのだ（TestBiotech, 'Progress' going in the wrong direction: diseased New GE pufferfish, 2021/11/23）。

日消連は仕入れる側の声も聞こうと大手回転寿司チェーンを含む18社に問い合わせた。結果、回答があった9社のうち、「使用しない」と答えたのは3社、残りは回答なしか「方針は決めていない」だった。ネタに使われたら表示義務がないので知らずに口にしてもわからないだろう。

消費者が安心できる情報が不十分でも、市場は先へと進んでゆく。

元々魚の美味しい地域である宮津市で、〈ふるさと納税デビュー〉を果たした世界初のゲノム編集ふぐは、開始3週間で30セットの申し込みがあったという。

そこには一つだけはっきりしていることがあった。

最先端テクノロジーが作り出した未知の魚は、それを食べる日本の私たちに何かあった時の責任の所在も〈未知〉なのだ。

各国の規制緩和レース

ＥＵでは２０１８年時点でゲノム編集には「遺伝子組み換え」と同じく表示義務が課されたが、アメリカではゲノム編集どころか遺伝子組み換えの方まで規制が緩められ、オーストラリアやブラジル、アルゼンチン政府は、外から別の遺伝子が入れられない限り、規制は要らないという立場をとっている。

同じようにこの新技術に目をつけてダイナミックな投資をしているのがロシアだ。

２０１９年に、今後10年で30種の遺伝子編集動植物を開発するプロジェクトを立ち上げ、17億ドル（約２５５０億円）の国家予算をつけている。

〈厳しく規制する派〉から〈規制なし派〉に一気に乗り換える国も出てきた。

ボリス・ジョンソン首相（当時）を筆頭に、政府が遺伝子組み換えやゲノム編集を推していたイギリスは、２０２０年末にＥＵを脱退するが早いか、一気に〈規制なし派〉に加わっている。同国のジョージ・ユースティス食料担当国務長官（当時）は、ばっさりとこう否定した。

「ゲノム編集を遺伝子組み換え技術と同列に扱うなど、息苦しいにも程がある。英国政府は今後、科学とエビデンスに基づいた、正確な政策決定を行ってゆく方針だ」

変わり始めたこの潮流をバイオ企業群は喜びと共にしっかりと受け止め、ロビー活動には惜しみなく、さらなる資金とエネルギーが注がれてゆく。

企業ロビイストたちが政治家やメディアに精力的に働きかけることはもちろん、ビル・ゲイツなどバイオ技術の急先鋒が送り込んだ科学者たちが、欧州委員会のゲノム編集検討会メンバーに入り込んだ。

２０２１年４月29日。

ついに欧州委員会も、〈ゲノム編集農作物に対する規制を、技術の進化に合わせて再考すべき〉とする見解を発表、ここから運命の輪は、企業側に有利な方向に回り始める。

２０２２年5月の検討会は、業界側が準備したデータに沿って議論するという予定調和の出来レースだったが、その事実を指摘する外部団体の声は、委員会上層部には届かなかった。

〈遺伝子操作された動植物を厳しく規制する〉というＥＵの立ち位置は急激に崩れ始めた。

欧州委員会は２０２３年春に〈ゲノム編集に関わる新しいガイドライン〉を発表する予定だが、企業側の努力が実を結び、いよいよ規制がなくなる方向に進んでいる。

このままいくとゲノム編集について、開発企業側には安全審査、流通記録、データ提出義務もなくなる上に、表示も一切ないゲノム編集食品が、２０２３年夏には市場に出回るだろう。

スイスは２０２１年12月に、上院でゲノム編集農作物の規制を外す決定をしている。

遺伝子組み換え食品の生産と輸入を厳しく規制してきた中国も、ゲノム編集技術となれば話は別だ。

〈タネを制するものが世界を制する〉として各国がしのぎを削る中、アメリカによる市場独占を完成させぬよう、速やかに動かねばならない。

商品化こそまだされていないが、まずは規制を緩め、遺伝子組み換え技術に課されている長期野外試験を免除し、ゲノム編集技術の研究開発にたっぷり予算を投じることにした。

現在中国は世界の中で、ゲノム編集に関する農畜産向けの特許出願件数ではトップを走っている。

同じアジアでは、フィリピンも〈規制なし派〉に加わった。2022年5月に、〈外来遺伝子を入れていないゲノム編集〉は規制なし、の方針を発表している。

さらに他国より頭ひとつ抜きん出ようとしている国々もある。

カナダ政府は、今までは当局がチェックして〈外からの遺伝子が入っていなければ規制なし〉だったのを、開発企業が自己申告すれば、当局の安全審査なしですぐ流通させてOKという方向で動き始めた。

それならいっそのこと、もう当局チェックも自己申告も無しにして、ゲノム編集食品自体を、〈遺伝子組み換えではない〉カテゴリーに入れてしまおうという方針を出したのがインドだ。

アフリカでは、特定の変異型遺伝子を人工的に遺伝させる〈遺伝子ドライブ技術〉解禁についてのセミナーが始まっている。もちろんこうした背景に、バイオ企業群の〝弛《たゆ》まぬ努力〟があったことは言うまでもない。

〈原子力ムラ〉の次は〈ゲノム編集ムラ〉!?

こうして各国の間でゲノム編集をめぐる規制緩和レースが激化する中、実際のゲノム編集食品お披露目会場となっているのが、ここ日本なのだ。

メーカーが届け出さえすれば、安全審査も表示もなしでＯＫ、２０２０年12月に政府がゴーサインを出したサナテックシード社のゲノム編集トマトは、血圧を下げる成分を多く含むように作られたものだが、手始めに家庭菜園用の苗が５０００以上の家庭に無料配布され、その後、オンライン販売が開始された。

２０２２年からは全国の福祉施設に、２０２３年からは全国の小学校に無料配布して、〈ゲノム編集〉という新しい技術で作られたトマトをいきなりスーパーに並べる前に、まずは子どもたちや障がい者に、実際に栽培する体験をしてもらう。

商業的な売りこみをかけるより、クチコミで地域に広がってゆけば、ゲノム編集トマトはごく自然な形で、人々の食卓に上るようになるだろう。

安全性に関する泥沼バトルが続いている遺伝子組み換え食品と違い、ゲノム編集食品は一般食品の棚に並べて売れるため、企業側の手間とコストは大幅減、あとは消費者の人気を高め、商品を手に取ってもらえばＯＫだ。

２０２２年１月に、同社が国際会議で発表したマーケティング戦略は、障がい者や子どもたちの栽培体験をネットに載せ、ＳＮＳで「いいね」を押させて消費者に浸透させるというものだった。一体いつから日本は、〈高血圧に効くトマト〉を必要とする子どもがそんなに増えたのだろう？〈ゲノム編集ふぐ〉のＲＦ社も、ゲノム編集魚の魅力を消費者に知ってもらおうと、２０２２年の夏からは自治体と連携した勉強会を始めている。

２０２１年３月17日の厚労省薬事・食品衛生審議会食品衛生分科会の新開発食品調査部会遺伝子組換え食品等調査会で、京大農学研究科の木下政人准教授は、「ゲノム編集養殖魚の開発と意義」と題する

サナテックシード社のゲノム編集トマト

プレゼンを行った。

その内容は、ゲノム編集で人工的に起こす遺伝子の変異は自然界でも起きていること、ゲノム編集養殖魚は市場価値が高く生産効率が良いこと、養殖魚の餌となる魚粉価格の高騰に苦しみ、高齢化した小規模漁民が大半を占める日本の水産業を救済すること、ゲノム編集魚に力を入れれば天然魚保護にもなることなど、日本が力を入れるべき理由が十分すぎるほど強調されている。

ＲＦ社取締役でもある木下氏が、自社事業に税金を投入する政府の調査会でアピールするというこの光景は、大手人材派遣会社会長が産業競争力会議の議員として派遣法改正の旗を振るような事態が常態化していたことを考えると、もはや笑えないデジャビュだろう。

茨城県と岡山県では２０２１年11月に、ゲノム編集小麦の作付けが始まった。税金で作られ、民間企業がそれを売るのだ。

特に規模が大きく、開発に農業試験場を必要とする〈ゲノム麦〉は、企業が地方自治体を直接誘致している。

例えば、原発事故被害のあった福島県南相馬市では、ゲノム編集技術をもとにした〈バイキング法〉と呼ばれる最新の細胞加工技術を鶏の卵に適用して抗体を大量産生する、次世代型生物工場の実用化を目指す開発が始まっている。

ゲノム編集技術の産業化を目指す徳島県のバイオベンチャー企業が、福島県浜通りから新たな産業の創出を目指すのだ。

遺伝子操作されていない食品の民間認証表示に取り組んでいる印鑰《いんやく》智哉氏は、新潟や福岡でも同様に始まっているこの動きを、かつての原子力ムラならぬゲノム編集ムラのようだとし、「遺伝子操作によってバイオハザードが起こされる危険がある」と警鐘を鳴らす。

ちなみに、子どもたちや福祉施設に無料配布されようとしているゲノム編集トマトは、日本人（筑波大学教授）が開発した国産イメージが強いが、特許は別問題だ。ゲノム編集技術は米国の大学と研究所がおさえており、研究用には無料で使えるが、商業用で使う場合は１００億円規模のライセンス料がかかる（「日本経済新聞」２０２０年11月19日）。

サナテックシード社のゲノム編集トマトは肥料と苗が４本セットで８２５０円、トマトが２キロで６０００円と、高額だ。日本は今国をあげて国産ゲノム編集食品の開発に力を入れているため、サナテックシード社のこの事業は国の助成金、つまり私たちの税金で実施されている。

ライセンス料が外資に入り、まだ未知数である人体や環境への影響は、日本人である私たちの、後の世代が引き受ける。これも原発とよく似た構造だ。

そして一度家庭菜園や学校、障がい者施設などで栽培が始まったが最後、ゲノム編集トマトの苗からできた次のトマトは、もはや表示すらつかなくなる。

私たち日本人が知らぬ間に、国内にはどんどんゲノム編集食品が拡がってゆくだろう。

障がい者や子どもたちに税金で製品を無料提供して社会に浸透させてゆくという同社のこのビジネスモデルは、秀逸なマーケティング手法として業界内で注目されている。

食が〈特許〉で支配されるディストピア社会

かつて、SF作家アーサー・クラークはこう言った。

〈進歩したテクノロジーはある地点を過ぎると魔法と変わらなくなる〉

かつての原子力がそうだったように、ゲノム編集もまた、肝心な技術はブラックボックスに閉ざされ、特許料という莫大な富を生み出す打ち出の小槌《こづち》になっている。

クリスパーキャス9の特許をめぐる訴訟は泥沼の戦いを繰り広げているが、特許戦争は今後社会を二極化してゆくだろう。

ゲノム編集技術の基礎となる特許の多くは学術機関に所有権があるが、そのライセンスを使って企業が次々に製品開発をする。

２０２１年に出願された植物特許の半分は、ゲノム編集関連だ。

今のように各国政府によるゲノム編集容認が進めば、20年後には世界の新品種の半分が少なくとも一つの特許つきのゲノム編集の形質を持つ製品で占められると言われている。

植物では、すでに市場の7割を押さえているのが、モンサント社を買収したバイエル社、種子・農薬大手のコルテバ社、農薬大手のシンジェンタ社の3社だ。

２０２２年10月20日。欧州で6つの非営利団体からなるグループが、この寡占化状態の中、コルテバとバイエルの2社による、ゲノム編集作物の特許出願数合計がついに１５００件を超えたことについて、このままでは食の未来が支配されると警鐘を鳴らす報告書を公開した。

欧州委員会もまた、特許はイノベーションには有利だが寡占化によって農家の種や苗への利用に深刻な脅威となる、と報告している。ゲノム編集で破壊した遺伝子は、一度特許を取ってしまえば、自然界で生まれた同じ破壊遺伝子もその特許の対象になるからだ、市民団体は自然の種子も特許でおさえられてしまう可能性に警鐘を鳴らしている。

私たちの食が、特許料という名の鎖で、たった数社の傘下に入れられた時のことを想像してみてほしい。

食料が足りているにもかかわらず、頻繁に食料危機を生み出し続けるこの歪んだ構造は、いよいよ最終ステージに入っているのだ。

これは単なる〈テクノロジー開発競争〉ではない。

〈食文明〉を根底から変えてしまう、壮絶な〈マネーゲーム〉の実態が見えるだろうか。

海の汚染もテクノロジーで解決?

テクノロジーは、日々進化のスピードを速め、人間の想像を超えてゆく。

マイクロプラスチック問題に水銀汚染、混獲、乱獲、過剰利用、燃料利用による二酸化炭素排出など、私たち人間の身勝手な行動によって海洋資源は危機にさらされ、科学誌「サイエンス」の出した予測では、2048年までに、世界の海からは魚が消えてしまうという。

世界最大の自然環境保護団体であるWWF（世界自然保護基金）のメンバーとして10年以上活動を続けてきた英ウェールズ在住のアメリア・デイビーズは、この予測について悲観論を口に出す。

「少しずつでも進歩があると信じて、ＳＤＧｓを呼びかけてるけど、時々悲観的な気持ちになるんです。歴史を見ると、欲望に支配された人間が、地球を破壊し続けてる。利益しか考えない人たちが心を入れ替えるまで待ってたら、海は生き延びられないんじゃないかって」

そんな思いを持つ人は、アメリアだけではないだろう。

そこでテクノロジーが救済に入った。

自然を破壊し尽くさないよう人間が変わるのでなく、自然の方を人間の都合に合わせて変えるのだ。

遺伝子組み換えにゲノム編集、もはや海でなく研究室の培養液中で増殖させられた細胞が、３Ｄプリンターから魚の形になって現れる。

「22世紀ふぐ」がふるさと納税デビューした２０２１年12月から１ヶ月後、回転寿司大手「スシロー」の親会社FOOD & LIFE COMPANIES社が、米BlueNalu社と提携し、寿司ネタ用に培養トロの開発に着手したことが話題になった。

ここで開発された培養魚は、今後スシローや京樽を始め、日本人に大人気のチェーン店を通して食卓にのぼるだろう。

アメリカでは２０２１年12月に培養サーモンを開発するWildtype社が、大手寿司レストラン、スーパーチェーンとそれぞれ提携。ＦＤＡの許可が下り次第、最新型サーモンネタとして、全米１３００ヶ所でのデビューを待っている。

ドイツでは細胞から作るサケ・マス・鯉を開発中の培養魚企業Bluu Seafood社が、シンガポールでの２０２３年の承認・販売を目指して欧州初の培養魚製品を発表した。

人工魚への投資はアジアでも２０２０年から２０２１年にかけて倍増し、シンガポールのUmami MeatsにShiok Meats、香港のAvant Meatsなどを筆頭に、ウナギにマグロにカニにタイ、ロブスターからナマコまで、手始めにアジア地域を狙った培養魚開発企業が続々と急成長中だ。

２０１６年にカリフォルニア州で設立されたバイオ技術企業フィンレスフーズ社は、設立から１年後に魚の細胞を培養して魚肉を作り出すことに成功した。ＣＳＯのシャノン・コセンティノ・ルーシュは、海を持続可能な状態に維持し、消費者の選択肢が拡がるメリットを強調する。

「すでに１８００億ドル（約27兆円）の市場規模を持つ培養魚の素晴らしいところは、どんな希少魚でも関係なく、供給量をコントロールできることです。ラボでいくらでも作り出せるので、曜日によって天然魚、培養魚、遺伝子組み換え魚、と飽きの来ないメニューが楽しめる。最高でしょう?」

そう、私たち人間は、美味しいものを食べたいという果てのない欲求に動かされながら、同じものばかりだとすぐに飽きてしまう。

だが人間の人間による人間のための培養テクノロジーは、かゆいところに手が届く。江戸時代から私たち日本人の大好物であるにも関わらず、乱獲しすぎて絶滅危惧種になり値段高騰中のウナギについても心配なし。同社が手がける培養ウナギの最有望販売先の一つはここ日本だからだ。また、日本でも、北里大学海洋生命科学部で、ニホンウナギを細胞から作る研究が進められている。

２０２２年８月には、水産業界最大手マルハニチロと水産練製品業界トップクラスのシェアを誇る一正蒲鉾が、インテグリカルチャー社と培養魚肉の３社共同開発を発表した。

粉ミルクはもう古い！　赤ちゃんは培養母乳で

２０２１年。

米国バイオミルク社は、世界で初めて乳房の外で、細胞を培養した人乳の製造に成功した。母体から細胞を採取し、栄養成分を添加し、フラスコの中で培養して作り出した人工ミルクだ。

同社の技術顧問であるジェニファー・スミロウィッツ博士は誇らしげにこう言った。

「人乳は、構造が非常に複雑なため、今までは授乳中の母親にしか作りだせませんでした。けれど私たちはそれを、わずか11ヶ月で実現したのです」

この事業は、ブレイクスルー・エナジー・ベンチャーズからの資金３５０万ドル（約５億２５００万円）によって実現した。

マイクロソフトのビル・ゲイツ、アマゾンのＣＥＯジェフ・ベゾス、フェイスブック（現メタ）のＣＥＯマーク・ザッカーバーグ、ヴァージングループの創設者リチャード・ブランソンによって設立された10億ドル規模の〈脱炭素ファンド〉だ。

バイオミルク社のこのプロジェクトに出資した目的は、〈製造する際に温暖化ガスを発生させる粉ミルクの害を阻止するため〉だという。

培養ミルクには、母体の血液が作る、赤ちゃんの睡眠サイクルを調整する〈コルチゾール〉や、脳の発育に必要な〈脂肪酸〉は含まれていないが、例えばパンデミックなどの有事で、ミルクが手に入らなくなった時などに、母親たちの選択肢となる新製品だ。

米国内では２０２１年７月から新型コロナウィルスの影響で粉ミルク不足が始まった。その後２０２２年２月にベビーフードメーカー大手にリコール問題が発生し政府命令で工場が生産停止、５月時点では１週間の品切れ率が43％に達するほど深刻化している。

偶然にも、２０２０年６月時点でバイオミルク社に３５０万ドルの投資を完了していたビル・ゲイツは、準備万端の体でこう発言した。

「粉ミルクが不足しているなら代替品を作ればいい。研究室であと２、３年で完成する予定だ。今度のは気候変動対策にもなる製品だから、一石二鳥ではないか」

DNAごとハイジャックせよ――〈合成生物〉

「遺伝子工学」という神のテクノロジーを手にした人間は、とどまるところを知らないようだ。

粉ミルクの品不足で困る母親たちに「培養母乳」が宣伝される一方で、野菜や家畜の遺伝子操作よりも、さらに先へと進んだフードテックが、勢いを増している。

生物のＤＮＡごとハイジャックし、再設計したものを３Ｄプリンターで作成する〈合成生物〉だ。

「精密発酵」「細胞農業」などと呼ばれ、藻や酵母などを人工的に作ったり、遺伝子コードを編集し、ＤＮＡに組み込んだ人工微生物から、魔法のようにタンパク質を作り出す。ビル・ゲイツや複数のベンチャーキャピタルが、アミリス、ザイマージェン、ギンコ・バイオワークスの３大合成生物企業に出資し、微生物や哺乳類の細胞、微生物自体の合成のほか、モデルナ社の新型コロナウィルス用ｍＲＮＡワクチン開発等にも関わっている。

中でもギンコ・バイオワークス社は、細胞や生命体を、コンピュータプログラムのように一から設計するプラットフォームを構築し、「フードテック業界のアマゾンになる」ことを目指しているという。

２０２２年２月。「精密発酵」による乳タンパク質を使った、アイスクリームやケーキミックス、クリームチーズなどを販売する米パーフェクトデイ社が、前年11月にスターバックスが試験導入済みの「精密発酵牛乳」を、ついに一般市場に出すことを発表した。

ちなみにこれらの商品には、「遺伝子操作」「精密発酵」などの表示が一切ない。

「自然食」「非遺伝子組み換え」「アニマルフリー」「ヴィーガン」など、環境や動物への配慮を示すラベルで売られており、ヴィーガン、動物愛護派、環境保護意識の高い健康志向の消費者たちが、喜んで買っているのだ。

注射嫌いの子もＯＫ〈ワクチンレタス〉

世界トップレベルの投資家であるゲイツ氏は、まるで先を見通しているかのようだ。

２０１９年10月。

ニューヨークでコロナウィルスのパンデミックを想定して演習を行う国際会議「イベント２０１」が開催された。主催したのはジョンズ・ホプキンス健康安全保障センター、世界経済フォーラム、そしてゲイツ氏のビル＆メリンダ・ゲイツ財団だ。

このイベントから２ヶ月後の12月に、中国の武漢で新型コロナウィルスが発生、シミュレーション通り世界に拡散し、折しもゲイツ財団が主要株主であるモデルナ社やファイザー社、ビオンテック社は、新型コロナウィルスのワクチンで空前の利益をあげることになる。

途上国を中心に全ての子どもたちにワクチンを普及させることを生涯の目標とするゲイツ氏は、この20年間ワクチン開発と普及のために１００億ドルを超える私財を惜しみなく投じてきた。２０１９年のダボス会議の際、ＣＮＢＣテレビにこの投資について聞かれた彼は、こんなふうに答えている。

「過去20年に１００億ドル（約１兆５０００円）投資して、リターンは２０００億ドル（約30兆円）、20対１って、ちょっと他にはない利回りでしょう？」

だが、そこには一つだけ、以前から繰り返し浮上する、ある問題があった。

子どもたちが、注射を嫌がるのだ。

そこで、こんな新企画が浮上してくる。

〈新型コロナワクチンに使ったｍＲＮＡ溶液を、野菜に移植したらどうだろう？〉

かくしてカーネギーメロン大学とカリフォルニア大学が〈食べるワクチン〉の研究を開始、全米科学財団が開発に50万ドルを投じた。開発に関わる植物学者のファン・パブロ・ジラルド准教授（カルフォルニア大学）によると、例えばレタス１個を食べれば、ｍＲＮＡワクチン１本分の抗体が体内にできる計算だ。

泣く子を無理やり押さえつけて注射をする必要もなく、毎日サラダを食べれば自動的に感染予防ができる。

親たちは安心する。

子どもたちはビタミンとワクチンで強い身体を手に入れる。

新型コロナパンデミック以降、次々に変異するウィルスによってワクチン需要は右肩上がりだ。投資家たちにとっても、コロナワクチンの20倍、もしかしたらそれ以上のリターンが見込めるだろう。

一度商品化が始まれば、レタスだけでなくさまざまな野菜をワクチン化できる。商業用農地だけでなく、一般市民の家庭菜園にも広げていける。

一時は消費者の不評を買ってイメージダウンの危機に見舞われた〈遺伝子組み換え食品〉を救済する新たな扉がまた開くだろう。一石三鳥の優良企画だ。

食べるワクチン自体は、注射針など医療資材不足の途上国用にと各国で研究開発が進められてきた歴史があるが、遺伝子組み換え技術に対する消費者の反発や技術的な課題などがネックになっていた。そして何より今回は、まだ未知の部分が多い新型コロナワクチンで世界に知られたｍＲＮＡワクチンの野菜バージョンなのだ。

これについては、日本国内でもまだまだ慎重論が少なくない。

ｍＲＮＡに詳しい新潟大学名誉教授の岡田正彦博士は、ワクチンレタスの実効性に疑問を投げる一人だ。

「新型コロナワクチンは４つある暗号コードのうちの一つを疑似のものに置き換えて、ワクチンが体内に残るように遺伝子操作したが、植物の中で改変を起こさせるのは難しい。また、次々に変異するウィルスに合わせたワクチン変更は試験管の中ならできるが、収穫まで一定の時間がかかる野菜では間に合わない。

さらに２０１５年のサイエンス誌の論文で明らかになったように、ｍＲＮＡを野菜で食べても、胃の中の消化酵素で分解されてしまう。商品化するのはかなり障壁が高いだろう」

ならばそこまでしてワクチンレタスを開発するのは、一体何のためなのか？

「医食同源」の意味まで、変えられようとしている。

科学技術万能論者たちは、テクノロジーのおかげで、〈食と農の未来〉は明るいと言う。肉も魚も乳製品も、あらゆるタンパク質を研究室で作り出す細胞農業、人間の都合に合わせた過食症の魚や角のない牛、ＤＮＡから設計する合成生物、絶滅しかけているミツバチの代わりに花粉を運んでくれるロボットビー、農民がいなくてもＡＩのマニュアルに沿って野菜や穀物を育ててくれるロボットやドローン。たとえ地球上から、虫や鳥や農家がいなくなっても、食料は生産できるのだと。

ビル・ゲイツの支援を受けて急成長中の、ギンコ・バイオワークス社が作る、細胞を遺伝子操作して食感や味まで自由に設計できる〈人工生物〉は、食品業界の常識を、間違いなく塗り替えるだろう。

彼らのようなテクノロジー主義者はこう主張する。

世界はまだまだ養える。

人間が神の手になりさえすれば、と。

そして、何万年も食べ物を生み出してきた大地と人間のつながりもまた、転換点を迎えていた。

第3章　土地を奪われる農民たち——食のマネーゲーム2・0

アグリビジネスとGAFAMに乗っ取られた国連サミット

「私たちのサミットは、完全に乗っ取られました」

２０２１年９月。

食と農業の未来を決める「国連食料システムサミット」について、ジンバブエ出身の小規模農民エリザベス・ンポフは、怒りをこめてそう言った。

「誰に乗っ取られたのですか？」

「大規模農業ビジネスに輸出至上主義、遺伝子組み換えに特許付き種子、バイオ食品にデジタル農業を推進する、多国籍企業と億万長者の投資家ですよ。彼らは自分たちが大儲けするための〈新たな食システム〉を作るために、国連幹部や各国政府の代表と連携して、サミットの主導権を奪ったんです。

私たち小農や漁民や先住民たちはすみに追いやられてしまいました」

エリザベスは、アジア、アフリカ、北米、欧州などの小規模家族農家や農業労働者、先住民族といった１８０以上の農民組織からなる国際小規模農家運動〈ビア・カンペシーナ〉のメンバーだ。

彼女たちの団体をはじめ、アフリカ、アジア、ヨーロッパ、南北アメリカの農民・先住民グループや、農と食に関わる研究者、科学者、教育関係者は、半年前から公式に、今回のサミットの「ボイコット」を呼びかけていた。

「２０１８年に〈国連小農の権利宣言〉が採択されたのをご存知ですか？」

「小規模農家の価値を見直そうという宣言ですね」

「ええそうです。世界の食べ物の7割は、私のような小規模農家や小作人、漁民や牧畜民や先住民が生産してるのに、たった3割しか供給しないグローバル企業が経営する大規模農業が、圧倒的な力で食をコントロールしている——これはとても歪んだ構造なんです。

例えば２００７年に起きた世界的食料危機、あの原因が貧困なんかじゃないこと、金融業界にいたなら、あなたも知っているでしょう？」

私はうなずいた。

国連食料システムサミット（2021年）で語る国連副事務総長アミナ・モハメド

２００７年から08年にかけて起きた世界食料価格危機。

穀物価格が暴騰し、わずか2年で飢餓人口を1億人増やした、まさに悪夢のような世界食料史の一幕だ。

マスコミのヘッドラインには〈干ばつ〉〈政情不安〉〈中産階級の増大〉〈肉食人口の急増〉などの文字が次々に流れていたが、実はあの年のＦＡＯ（国連食糧農業機関）のデータでは、世界の穀物生産量は史上最高値を記録していた。

穀物価格を高騰させた真犯人は、バイオ燃料の需要と投機マネーの流入だった。

途上国で億単位の人々が食べ物を手に入れられず死んでゆく一方で、一握りの投資家たちが巨額の利益を手にしていたのだ。

ＷＴＯ（世界貿易機関）体制を中心に、グローバル企業による農業ビジネスが支配する今の食システムを見ると、飢餓を引き起こす真の原因は、食料不足では決してない。

利益のために過剰生産された食料は、余ってもそれを必要としている人のもとにはいかず、米国政府に巨額の補助金をつけられたエタノール燃料としてガソリンスタンドで売られたり、家畜の餌として日本を始めとする先進国に輸出されている。

この仕組みをさらに拡大すべく、国際的な農産物貿易自由化が進められ、途上国を一握りの先進国に依存させる市場構造が強化されていった。

２０１９年に世界で捨てられた食品９億トンのうち、６割は家庭、２割強は飲食店、残りは小売店からだという国連のデータが意味する、この歪んだ構造が見えるだろうか。

「あの食料危機をきっかけに、マネーゲームによってねじ曲げられた食システムを変えなければ、という危機感が世界各地で高まって、やっと小農を守ろうという流れができたのです」

「守るというのは？」

「食と農についての政策決定の場に、彼らを参加させるということです。そこで世界食料安全保障委員会が組織改革され、先住民や農民や一般市民も参加できる議論の場ができました」

その結果、２０１７年に、小農の権利保護を各国政府に促す国連の「家族農業の10年」（２０１９〜28年）が設けられ、２０１８年には〈小農の権利宣言〉が採択された。世界のあちこちで遺伝子組み換え技術や農薬に反対する声が高まり出したのもこの頃だ。

ヨーロッパや南米が、ロシアや中国が、遺伝子組み換え農作物への規制強化や、輸入停止に踏み切り始め、すでに述べたように２０１８年には遺伝子組み換え種子とセット販売の除草剤による健康被害裁判でメーカー側（旧モンサント社）が敗訴、その一方で、生態系を守るアグロエコロジー（農業生態学）が注目され、有機農業市場はぐんぐん拡大してゆく。

世界の潮流は確実に、今までの大量生産・大量消費の工業型農業システムと真逆の方向に向かっていたかに見えた。

少なくとも２０２１年までは。

「今回国連が設定した、サミットで議論される項目を見た時のけぞりました。それは、私たち小農や先住民の存在を完全に無視したものだったからです」

２０２１年のサミットで、ＦＡＯが未来の食料安全保障のキーワードとして出した〈遺伝子組み換え技術〉〈ビッグデータ〉〈精密農業〉という３つは、世界経済フォーラムとビル＆メリンダ・ゲイツ財団、そして彼らの意向に沿った科学者たちによって決定されたものだった。中核から外された零細農民や先住民、若者や土地を持たない小作農たちは、アグリビジネスに乗っ取られた国連サミットの代わりに、自分たちで「真の正当な人民サミット」（ＧＰＳ）を開いた。

ジョモ・クワメ・サンダラム元国連経済社会問題局次長はこの事態を、とんでもない驕《おご》りだと批判する。

「巨大アグリビジネスは、『食料、生態系、気候変動危機を解決できるのは、優れたテクノロジーと、その使い方を知っている自分たちのような超富裕層の起業家たちだけだ』と言わんばかりの高慢な態度を示したのだ」

さらにエリザベスは、別の懸念を口にした。

「グローバル企業群に忖度《そんたく》した国連には、本当に裏切られた思いがしましたが、一番ショックだったのは、〈遺伝子組み換え〉が、食と農の世界で再び息を吹き返してきたことなんです。

グリホサート裁判で敗けたニュースが出てバイエル社の株価が急落した時、私たちは歓声を上げたんです。遺伝子組み換え農業はもう終わりだ、とね。でもそれは間違いでした。

遺伝子組み換えも工業型農業も大量生産も、下火になんかなっていなかった。再び巻き返すきっかけを待っていたんです。

私たちは甘かった。巨大グローバル企業を相手にした歴史的な勝訴に安心して、すっかり忘れていたんです、あれだけ大きな金の卵を産む鶏を、彼らがそう簡単に手放すわけないってことを」

気候変動と飢餓対策に〈化学肥料ファースト〉

２０２２年9月12日。

世界最大規模のビル＆メリンダ・ゲイツ財団の寄付者たちに向かって、ビル・ゲイツは、ウクライナ危機と気候変動で悪化した食料危機を救うのは〈進化した農業テクノロジー〉しかないと呼びかけた。

「人類を飢餓から救うには、アグリテック（農業技術）に投資することが重要です」

アフリカ大陸での「食と農の革命計画」に、約50億ドル（約７５００億円）投資しているゲイツ氏は、同財団が２００６年にロックフェラー財団と共に立ち上げ、２００８年以降1億８０００万ドル（約２７０億円）を投じてきたＡＧＲＡ（アフリカ緑の革命同盟）の重要性を力説する。

このプロジェクトは、元ルワンダ農業大臣で農科学者のアグネス・カリバタが代表を務め、遺伝子組み換え種子、化学肥料、収量重視、欧米主導の4つを軸に、アフリカ各国政府や農協に農業政策を提案し、新しい市場開拓や近代的農業技術を普及させている。

設立時に掲げられた目標はこうだ。

グローバルファンド増資会合で語るビル・ゲイツ（2022年、ニューヨーク）

〈２０２１年までに、アフリカ11ヶ国で３０００万世帯の農産物収穫量と収入を2倍に増やし、食料不足を解決すること〉

２０２０年の時点でこれが全く果たされず、むしろ飢餓人口を増やしたことが明らかになると、ＡＧＲＡはホームページから、この目標部分を削除した。

だがゲイツ氏はそれには触れず、デジタル技術が加わったことで、新しい可能性が広がったと強調する。

「アフリカに必要なのは、農場から市場までをつなげるデジタルネットワークと、洪水や干ばつや感染症に耐えられるよう遺伝子組み換えされた種子、土壌の生産性をあげる栄養満点の化学肥料、家畜を管理するためのワクチンなのです」

タンザニアのダルエスサラームにある東アフリカ最大の肥料センターで、天井まで積み上がった化学肥料の山を見た時の感動を、ゲイツ氏はこう語っている。

「窒素やリンなどの栄養分を含む白い粒を袋に入れる作業を見た時、この肥料がアフリカの人々の生活を変える可能性を持つことを強く感じました。それはこれらの肥料がアフリカの最も貧しい農家に届いた時、初めて実現するのです」

アフリカの貧しい農民たちが肥料にアクセスできない理由は、保存しておく倉庫がないため安定供給ができないこと、輸送コストが高いこと、肥料の効果と使い方を教える農業教育がないこと、そして肥料を買う資金がないことだ。

そこでノルウェーに本社を持つ世界的アグリビジネスのヤラ社が、タンザニアに年間50万トンの肥料を貯蔵できる巨大な倉庫を建設した。

在庫管理を徹底し、関連企業数十社と連携して、現地の小規模農民たちに、肥料がもたらす素晴らしい効果についてみっちり教育し、収量を上げる使い方を指導する定期セミナーも開始する。

60年代に東南アジアと中南米に導入された、品種改良された種子と化学肥料で収量を増大させる〈緑の革命〉は、収量を劇的に拡大させて世界の食料事情を塗り替えたとして有名になった。だがフタを開けてみると、土壌微生物の減少や水質汚染、資材の購入資金で借金を重ねた農民の自殺率上昇など、数々の弊害をもたらしたことが明らかになり、批判の声が高まっている。

ゲイツ氏はそうした事実を認めながらも、テクノロジーが進化したおかげで〈アフリカ版緑の革命〉は以前のそれとは全然違う、と前向きだ。

「確かに、化学肥料を使いすぎたことで環境破壊が起きました。ですから今回は、適切な量を使って収量を上げるやり方を、農民たちにしっかり指導すればいいのです。さらにデジタルを使った畑のマッピングや土壌検査によって栄養状態を解析できるので、土の回復も合わせてしっかり進めていきます」

さらにゲイツ氏は、たとえ環境を破壊する作用があったとしても、干ばつや砂漠化、感染症に人口爆発という過酷な条件下にあるアフリカにとって、今や化学肥料は、避けられない〈必要悪〉だと言う。

例えば化学肥料が微生物に分解されて生み出される亜酸化窒素は、二酸化炭素の数百倍の温室効果がある。だが、ピボット・バイオ社のように、遺伝子組み換え技術を使って窒素肥料に頼らず、植物に窒素を供給する微生物を開発した企業もある。

肥料を買うための資金についても、心配はいらない。

ヤラ社の株主であるゲイツ財団が、貧しい農民たちにもスマホを使った金融サービスを提供してくれるからだ。

　同財団のマーク・サズマンＣＥＯによると、化学肥料へのアクセスを減らすことは、収量を低下させて農民たちを苦しめるのでよくない。それより農村を支える女性たちの経済的自立を支援した方が、ずっといい。

「スマホ決済で融資を受けられるようになれば、現金を持つ時のように夫や家族に邪魔されず、女性がお金のコントロール権を持てるようになります」

　マイクロソフトが、インドや南米の農民に無料配布している農業アプリと同じサービスだ。

　貧しい農民たちには便利なアプリと銀行口座がなくても借り入れができるオンライン金融サービスが提供され、ビッグテックは後に莫大なリターンを生み出す農業と金融データを押さえられる。

　植物資源本体を手に入れずとも、ひとたびＤＮＡ情報がデジタルデータとして取りこまれれば、自然界の遺伝資源の自由な利用は脅かされるだろう。

　サズマン氏は、これはウィン－ウィンの関係だと言う。

「私たちにはテクノロジーと、それを製品化したツールと、潤沢な資金があります。アフリカやインドのように、有事に弱い〈食料輸入国〉を、〈食料自給国家〉に作り替える。そのための材料は、全て揃っているのです」

ＡＧＲＡの不都合な真実

だが本当にそうだろうか。

たとえ最新のデジタルテクノロジーが加わったとしても、ＡＧＲＡの本質は変わっていない。この財団を監視する非営利団体〈ＡＧＲＡウォッチ〉がその問題点を検証した報告書を見てみよう。

まず、ＡＧＲＡが提供する数種の遺伝子組み換え種子によって、地域の多様な種子が淘汰される懸念だ。

農に多様性がない地域ほど、紛争や異常気象などの有事に弱いという現実は、新型コロナウィルスパンデミックやウクライナ紛争で明らかにされた。農村の女性がアプリでわずかなお金を動かす自由を得たとしても、肝心の主食の種子を、グローバル企業が特許で押さえていたら、どのみち農民たちに主権などない。むしろ決済や農作業がデータ化され、アプリ上のマニュアル化が進めば、農民の決定権は失われるだろう。

60年代の〈緑の革命〉の成果を測る物差しには、〈労働生産性〉と〈土地生産性〉の2つしかなく、〈社会的生産性〉と〈エネルギー生産性〉が欠けていた。

ＡＧＲＡの計画からも、やはりこの2つが抜け落ちている。

大規模化は生産性を上げるものの、その分農業機械や化学肥料の輸送などが必要になり、面積あたりのエネルギー消費量は高い。国連の統計によると、世界の農地が2倍に拡がり食料生産が6倍になった20世紀に、農業分野のエネルギー消費量は85倍に跳ね上がっている。

肥料の成分である窒素やリンは水路から流れて海中プランクトンを大発生させ、その死骸を食べる微生物が大量に酸素を使うので、魚介類が棲めない低酸素水域ができてしまう。その結果、世界４００ヶ所以上に、水生生物が死滅したデッドゾーンを作り出してしまった。

生産、輸送、散布に至るまで、多大な石油燃料を消費する化学肥料は、面積あたりのエネルギー効率が悪いのだ。

ＡＧＲＡの手法は20世紀に土壌微生物と生き物の多様性を破壊してきた〈単一栽培（モノカルチャー）〉を加速する。

土壌微生物の複雑な機能や生物多様性、地域共同体の繋《つな》がりや環境と景観、防災機能に農村文化の伝承などの〈社会的生産性〉も、考慮されていない。
化学肥料と農薬を使って大規模に作る工業化された食べものは、たとえ安い値札がついていても、こうした環境や健康、社会的コストを加えると、一気に高額になるのだ。

イギリスの歴史学者マーク・カーティス博士がその一例として指摘するのは、ゲイツ財団が穀物メジャー世界最大手のカーギル社と共にアフリカ南部で進める、８００万ドルを投資した遺伝子組み換え大豆の単一栽培プロジェクトだ。

未開拓だった大豆市場を手に入れつつあるカーギル社と同様、デュポンやシンジェンタなどの化学薬品企業も、ゲイツ財団と共にアフリカに参入した結果、農村から農民を追い出して共同体を解体、多くの健康被害と環境破壊を引き起こしているという。

カーティス博士はまた、ＡＧＲＡがアフリカを食料輸入国から食料自給国にすると言い続けてきたことにも首を傾げる。

かつて植民地支配を抜けた後のアフリカは、年間平均１３０万トンも輸出する、食料輸出大陸だったからだ。

なぜそれが今や、全食料の４分の１を輸入しなければならなくなったのか？　70年代には年間10億ドルの黒字だったのに、２００４年には食料輸入のために年間１１０億ドルも支出するようになってしまったのはなぜなのか？

ＡＧＲＡがアフリカ政府の農業政策に介入し、アフリカという新たな市場を米国のアグリビジネスに開放してきたからだ。

化学肥料付きのＧＭ種子を導入し、数百万人の小農たちが毎年自家採取し、地域で交換しあってきたアフリカの在来種子を取り上げて、一握りの種子企業が、研究開発から生産、流通まで全てを握ってしまう。

こうした巨大企業に対し圧倒的に弱い立場にある農民には、そもそも種子や化学肥料の購入資金や、農作物を売る際の価格交渉力がない。

インドでは他に選択肢がないばかりに足元を見られた貧しい農民たちは、仕方なくローンを組んで買った高額の種子や肥料や除草剤の代金が、生産コストの半分を占めるほど膨れ上がり、借金に苦しむことになったのだ。

外資のアグリビジネスばかりが利益を得る一方で、大規模化によって経費が増えた農家の収益は減ってゆき、結局飢餓は解決しないという、同じ構造がまだ生きている。

飢える小規模農家、儲かる肥料メーカー

そもそも〈飢餓人口〉が生まれる背景とは何だろう？

今、大企業や大規模農家の所有する世界全体の農地の84％は雇われの小規模農民が耕し、私たちの食料の大半を作っているにもかかわらず、食のつくり手である彼らは十分な食べ物を買えず、〈飢餓人口〉の一画をなしているのだ。

AGRAウォッチの報告書ではまた、AGRAやゲイツ財団が、現地の研究者や公的機関ではなく、欧米の研究機関ばかりに研究費を投入している実態を批判する。

無形資産である農業技術や知識の蓄積を、アフリカの農民たちに還元する代わりに、国立大学や公的研究機関で行われる研究を、自分たちに都合の良い方向に向け、政府の政策決定に介入するバックドアを手に入れているからだ。

このプロジェクトが開始されてから、アフリカの食料事情は改善しただろうか？

世界銀行と国連の統計をもとに2020年に米タフツ大学が検証したところ、AGRAの13ヶ国では、農作物収量の倍増どころか、2006年と比べて栄養失調人口が3割、サブサハラ地域では飢餓人口が5割増加していた。

飢える人の数は増えるが、肥料の売り上げはのびる一方なのだ。

化学肥料を〈魔法の粉〉だと絶賛し、アフリカなど途上国に普及させるために、巨額の資金を注ぎ続ける、ゲイツ氏やアグリビジネスの力は強力だ。

ＡＧＲＡウォッチの調査によると、食と農の方向性を決める２０２１年の国連食料システムサミットにおける、食料計画起草者12人中11人が、ゲイツ財団の関係者だった。

肥料販売の世界展開に力を入れるヤラ社は、引き続きトップの座に君臨し続けるだろう。世界で肥料が１ヘクタールあたり平均１３７キロ使われる中、まだ15キロしか使われていないアフリカは、投資家とアグリビジネス企業群にとって極めて有望な、手つかずの新市場に他ならない。

ＡＧＲＡのおかげでアフリカの肥料使用量は、向こう30年のうちに、少なく見積もっても３００％増加するのだ。

そしてそこには、年間１９００万トンの温室効果ガスも、漏れなくくっついてくる。

〈２０２１年までにアフリカの小規模農家の収量と収入を倍にする〉というＡＧＲＡの目標は、実施した13ヶ国全てにおいて、失敗に終わった。

奇妙なことに、２年前にその記述をホームページから消した後も、ＡＧＲＡがアフリカの土地から手を引く気配は全くない。

それどころかゲイツ氏は、デジタル農業によって、ＡＧＲＡプロジェクトはこれからが本番だとばかりに、さらなるアピールを続けている。

一体、真の理由は何なのか？

謎の投資家Ｘの正体

２０１８年。

ワシントン州の地方紙「トライシティヘラルド」に、住民がびっくり仰天する記事が出た。オレゴンとワシントンの州境にあるコロンビア川地域〈１００サークル〉を、他州の資産運用会社がいきなり１万４５００エーカー（約５８６８万平米）分も購入したという。

ここはアメリカ国内でもトップクラスの肥沃《ひよく》な穀倉地帯であるものの、それまでは前年に教員の年金機構が６０００エーカー購入し、大規模取引としてニュースになったばかりだった。それをいきなり１億７０００万ドル（約２５５億円）の一括払いで買うなど、住民からするとショック以外の何ものでもない。

購入した資産運用会社は、全米トップのタックスヘイブンであるデラウェア州に登記されたペーパーカンパニーだ。

だが一体、買い付けを命じたのは誰なのか？

わかっているのは、ワシントン州在住の某投資家、という情報のみだった。

「一体全体、投資家Ｘとは何者だろう？　そして何が目的なのか？」

謎に包まれたこのとんでもない取引に、住民たちは首をかしげた。

投資家Ｘの正体は、それから３年後の２０２１年６月にワイドショーを賑わせた、ある有名人の離婚をめぐる財産分与のゴシップを通じて、全米に知れ渡ることになる。

とびきり豊かな土壌を持つ〈１００サークル〉を購入したのは、他でもないビル・ゲイツだった。

マイクロソフト社の表舞台から退き、今や飢餓にワクチン、気候変動対策に私財を注ぐ世界的慈善家となったゲイツ氏だが、ワシントン州で購入したこの巨大な土地は、気候変動対策などとは無関係なビジネスだという。

その言葉に嘘はないことは、地元住民たちの目にも明らかだった。

宇宙からもすぐ見つけられるほど広いこの畑は、毎日２４００トンのジャガイモが掘り出される、マクドナルドのフライドポテト用農場になっていた。

加速する農地の買い占め

ワシントン州の例は、氷山の一角に過ぎなかった。

ルイジアナ州では、3つのペーパーカンパニーによって購入された7万エーカーもの土地がゲイツ氏の投資会社に売却され、トウモロコシや大豆、米や綿花の畑になっている。

ジョージア州ではやはり投資会社を通して家族農家の土地を買収し、ゲイツ氏の資産運用会社が、近隣の複数の土地をまとめて大規模化させた。ジョージア州とフロリダ州では、わざわざ2社の投資会社を使って7000エーカーの土地を購入、NBCニュースの調査によると、この会社の登録住所はゲイツ氏の資産運用会社の子会社が所有する私書箱だった。

これらの土地で大量生産された野菜が、東海岸の都市部を中心に、毎日大型トラックで出荷されてゆく。ゲイツ氏のために土地を買い集めている投資会社の広報担当は環境への配慮を主張しているものの、地元住民や環境活動家たちからは、むしろ大量に水を汲み上げ化学肥料をたっぷり使うゲイツ農場に、批判の声が上がっている。

土に染み込んだ化学肥料が水路に流れ出して危険な藻類を発生させ、湿地に生息する生き物にとって致命的になる窒素を排出するからだ。

投資会社を通した匿名の形で、全米の農地を次々に買い占めるこの動きは、各地で不信感を生み出している。

２０２２年6月21日。

テキサス州に本社を持つレッドリバー信託に、ノースダコタ州の司法長官事務所から１通の書簡が届いた。

同社が１３５０万ドル（約20億２５００万円）で購入した、ノースダコタ州の農地２１００エーカーの利用目的を書面で提出せよという要請が、ドリュー・リグレイ司法長官の署名と共に記されている。

ノースダコタ州の「反企業農業法」は、有限責任会社や企業が農地や牧場を所有したりリースしたりする事を禁じている。大恐慌時代、家族農家を守るために作られたこの法律に違反すると、罰金は最高10万ドルと、かなり手厳しい。

地方自治体にとって、食料生産の手段であり環境や経済に大きく影響を与える「農地」は、最も重要な資産だからだ。

今回、地元企業でもない信託会社が、いきなり州内の農地を大量に買い上げたことは、住民たちと行政を大いに警戒させた。

「購入した会社も次のオーナーも、一度もノースダコタ州に足を踏み入れたことがないんです」

地元のダコタ資源協議会のスコット・スココス事務局長は、超富裕層の間で近年急激に過熱している、全米の農地への投資についてこう語る。

「家族が何世代にもわたって暮らし、食料を生産してきた農地が、企業の所有になった途端、別物になってしまう。もはや『土地』ではなく『資源』として扱われるようになるのです。いかに経費を削減し、株主配当を最大化し、投資家が少しでも多くの利益を回収できるかが最優先事項になりますから、彼らの決定は多くの場合、地域全体の農業や、地域の共同体のためにはなりません」

法人所有の工業型農業が地域に与える影響について、ノースダコタ大学の名誉教授であるカーティス・ストフェラン博士が、オハイオ州立大学と共同研究をしたところ、地域にとって悪影響のないケースは全体のわずか2割だった。

8割のケースでは、環境と水質、住民の健康への悪影響、地元農家の所得格差拡大、地方自治の喪失などの負の影響が見られたという。

だが、地元では有名なこの研究結果も、法人農業を規制する州法も、レッドリバー信託の、ジャガイモ農場２１００エーカーの購入意欲を妨げることはなかった。

レッドリバー信託はビル・ゲイツが動かしている。

世界中の土地を投資商品として取得する際、地元事情を事前に調べ抜くことは基本中の基本、同社の敏腕企業弁護士にとって、法の網の目を潜《くぐ》ることなどお茶の子さいさいだ。

同社は農地の元所有者であるキャンベルファームズ社で働いていた農業従事者たちを現地スタッフとして雇用することを発表した。こうすることによって、有限責任会社の農地所有を規制する法律には引っかからなくなる。

自分たちが所有する土地で作物を育てていた農民たちは、ある朝目が覚めたら、いつの間にか知らない土地の知らない企業に雇われた、短期契約社員になっているというわけだ。買われた土地の受託者は、コットンウッド・アグ・マネージメント社（以下ＣＡＭ社）の農業投資責任者ピーター・ヘドリーだった。

ＣＡＭ社は、ビル・ゲイツのために、全米各地の農地を次々に買い上げている投資会社だ。同社の親会社は、ゲイツ氏の個人資産管理会社キャスケイド・インベストメント社で、遺伝子組み換え技術を利用した人工肉で注目されるインポッシブル・フーズ社やビヨンド・ミート社等の、主要株主でもある。

今回ノースダコタの農地を手に入れたことで、ゲイツ氏が所有する土地面積は27万エーカー（約11億平米）、ついに香港の全体ほどの大きさとなった。

そのうち24万2000エーカーが農地だ。米国最大の農地所有者になった理由を聞かれたビル・ゲイツは、こう答えた。

「遺伝子組み換え技術を使った、今より生産性の高いタネやバイオ燃料があれば、気候変動に対処できるからです」

ゲイツ氏が大口株主として出資する、インポッシブルバーガーのような人工肉の元となる、遺伝子組み換え大豆やトウモロコシの栽培、そして同氏がフランスの石油大手と共に開発中の、バイオマス（動植物が生み出す生物資源）を使ったバイオ燃料生産のために、大量の土地が要るのだ。

息を吹き返す遺伝子組み換えビジネス

ゲイツ氏だけではない。彼の親友で世界トップの著名な投資家ウォーレン・バフェットや、アマゾンのジェフ・ベゾス等、億万長者たちは今、こぞって各地の農地を買い集めている。

「農業不動産は、１９９３年以降成長している分野です」

マンハッタンの不動産アナリストであるジェレミー・レイズマンは、農地という投資商品に群がる投資家が増えていると言う。

「90年代は１エーカーが１５００ドルもしなかった農地が、２０２０年には３０００ドルと、倍に成長している注目商品です。株が暴落しても下がらないので、リスクヘッジとして人気が高いんです」

「農業を始める人が増えているのでしょうか？」

「いいえ、買うのは投資家です。全米の農地の半分以上は、超富裕層の投資家が所有して、生産しているのは雇われの農家や農業スタッフですね」

米農務省のデータを見ても、確かに農地の50％以上は、オーナーとは別の農家に貸し出されている。

途上国の農地に参入し、そこで雇った現地の農民に大量の遺伝子組み換え穀物を生産させ、世界中に輸出した90年代のアメリカ。

唸《うな》るほど利益を叩き出すあのビジネスモデルが、再び息を吹き返してきた。

「遺伝子組み換え農業は、下火になどなっていなかったのです」

前述したエリザベスの言葉が蘇る。

再び息を吹き返し、市場に君臨する、きっかけを待っていたのだと。

例えば、世界の食のサプライチェーンをいとも簡単に機能停止に陥らせた新型コロナウィルスのパンデミック。

穀物や肥料の輸出大国間における紛争によって、各国の食料自給力を根底から揺るがせた、ロシアによるウクライナ侵攻。

そして地球上の食料生産手段である農業そのものを問答無用で叩き潰す、年々悪化する各地の異常気象。

食料そのものが手に入らなくなれば、問われるのは「質より量」になる。

ロシア軍によるウクライナ侵攻開始から3週間後の２０２２年3月15日。

イギリスのテレグラフ紙を、こんなヘッドラインが飾ったのをご存知だろうか。

〈今回の戦争で、農家は遺伝子組み換え作物について再考を迫られるだろう〉

遺伝子組み換え技術があれば、我々の食料システムは紛争や感染症のような地政学的影響を受けにくくなる、というこの新しいロジックは、世界各地のメディアによって、急激に後押しされ始めているのだ。

〈遺伝子組み換え食品は、食料危機と地球温暖化から我々全人類を救ってくれる〉（フェアファックスメディア・ニュージーランド）

〈政府は生活に苦しむ国民を救済するために、遺伝子組み換え作物を解禁すべきだろう〉

（プレスアンドジャーナル・スコットランド）

アジアで遺伝子組み換え作物の商業栽培を最も多く行っているフィリピンはこうだ。

〈食料不足のこの時代に、遺伝子組み換え作物を〉（マニラタイムズ）

ＥＵ加盟国の中で、脱炭素政策のトップランナーである、ドイツのラジオ局はこんな特集を組んだ。

〈遺伝子組み換え技術は地球温暖化対策になる可能性〉（ドイツ放送協会）

この間バイオ業界が熱心なロビー活動を続けてきた、遺伝子組み換え技術の本家本元のアメリカもしっかりその路線だ。

〈ウクライナ危機は有機農業の愚かさを露呈した。食料価格が高騰する中、世界は効率的な近代農業なしでは生きられないという現実を、認めるべき時がきた〉（ウォール・ストリート・ジャーナル）

ＥＵの規制は厳しすぎると不満を言い続け、遺伝子組み換え技術による食料政策を掲げてブレグジットを果たしたボリス・ジョンソン（当時）のイギリスも足並みを揃えている。

〈ウクライナ紛争のような地政学的危機の際、国家は遺伝子組み換え作物を利用して、自給率を向上させるべきだ〉（バーディクト誌）

グローバル企業群と投資家たちにとって、農地という有望投資商品から期待できるリターンを大きくするのは、パンデミック、ウクライナ紛争、気候変動に食料危機という世界的緊急事態への不安を煽《あお》るマスコミのヘッドラインと、国連や世界経済フォーラムが繰り返し鳴らす警鐘だ。

投資対象としての土地は、肥沃であるほど商品価値が跳ね上がり、世界中のグローバル企業や投資家たちの間で、熾烈な争奪戦になる。

さらに、生産した農産物の加工、流通、保管のためのインフラが整っていて、外国人による土地購入に対する規制が緩ければ緩いほどいい。

政治的に安定していない国の方が、色々な意味で、手続きはスムーズに運ぶ。

前述したノースダコタ州のように、地方自治や住民の権利が重視される地域は農地の売買やその利用方法が規制されていることが多いからだ。

〈土の皇帝〉と呼ばれる、化学肥料を殆《ほとん》ど必要としない最高ランクの黒い土（チェルノーゼム）が土壌の6割を占め、国内政治が極めて不安定なウクライナも投資対象の一つだった。

ウクライナのもう一つの悲劇――アグリビジネスの略奪

もともと欧州やリビアやインドなど、外国政府やグローバル企業に目をつけられていたウクライナは、豊かな農地が拡がっている上に、独立後に資金不足で放棄された旧ソ連時代の集団農場用輸送道路や保管庫が残っている。

アグリビジネスに投資したい人間たちにとって、まさに「宝の山」だ。

そのためウクライナでも、前述した米ノースダコタ州と同じように、こうした国の貴重な宝を守るルールが存在していた。

２００１年。腐敗したウクライナのオリガルヒ（財閥）による土地の買い占めや、外資系アグリビジネスへの農地貸し出しを食い止めるために、ウクライナ議会が導入した、大企業や外国人投資家への農地売却一時禁止措置（モラトリアム）だ。

そもそもの始まりはソ連が崩壊した１９９１年。

ＩＭＦ（国際通貨基金）の経済支援条件に沿って、政府が国有地を民営化したウクライナでは、旧ソ連の集団農場で働いていた７００万人の小農たちに、小さな土地区画の所有権であるバウチャー（引換券）が配られた。だがソ連から脱退して経済が破綻する中、多くの農民たちは生活苦から国内のオリガルヒにバウチャーを売却し、農地は寡占化してゆく。そこに目をつけた外資系アグリビジネスが広大な土地を持つオリガルヒと賃貸契約し、農業部門に次々と参入していった。２００５年のＦＡＯ調査が示すように、旧ソ連下での社会主義体制に慣れてしまった農民全体の９割が、自分の畑を始めるより雇われ小作人を選ぶという、ウクライナ特有の傾向も、アグリビジネスには好都合だった。

　世界の土地取引を記録するランドマトリックスのデータによると、米系投資会社や仏系アグリビジネス等を含む外資系企業が３４０万ヘクタール、国内の大企業が６００万ヘクタールの農地を借りている。

　外資系企業が、小農とオリガルヒの土地を組み合わせて借りることも可能だ。

　例えば、米国人投資家が過半数の株式を持ちフランスに本社を置く上場企業アグロジェネレーション社の元ＣＥＯはアメリカ人のジョン・シュモルフンだった。同社はウクライナ東部ハリコフ地方で借りた12万ヘクタールの土地で、最先端のテクノロジーを使って大豆やトウモロコシ、小麦にひまわりを生産している。

外国勢力による農地購入を防止するモラトリアムに加え、ウクライナでは肥沃な土壌を守るために、遺伝子組み換え種子の作付けも禁止されていたが、世界で遺伝子組み換え穀物の単一栽培を拡大している米系アグリビジネスにとって、〈バイオテクノロジー禁止〉は目の上のたんこぶでしかなかった。

2013年12月。

ワシントンDCで開かれた米国・ウクライナ国際会議の席で、モンサント社の企業関与担当副社長ジーザス・マドラゾは、そのことを熱を込めて訴えている。

「ウクライナには、慣行農産物の可能性をさらに発展させるチャンスがあり、現在、私たちはそこに力を注いでいます。今後は何としても、ウクライナの農家の方々に〈バイオテクノロジー〉を利用してもらいたいと考えています」

マドラゾ氏の望みが叶うきっかけは、その2ヶ月後にやってきた。

2014年2月。

170億ドル（約2兆5500億円）のIMF融資と結びついたEUとの通商協定を拒否した当時のウクライナ大統領ヴィクトル・ヤヌコヴィッチが、米国が支援する反政府クーデター（マイダン革命）で追い出されたのだ。

代わって政権の座についた親米のアルセニー・ヤツェニュク首相一派は、早速ＩＭＦからの融資１７０億ドルと引き換えに、農業部門の規制を緩め始める。

カリフォルニアのオークランド研究所の報告書によると、この時ＩＭＦが出した融資条件の中の、ＥＵ協定４０４項（遺伝子組み換えなどバイオ技術での連携強化）に沿った「遺伝子組み換え農業と生物の合法化」は、ウクライナで遺伝子組み換え穀物を大量生産したがっていた、アグリビジネス企業群の意向と一致していた。

１年前の２０１３年5月に、モンサント社がウクライナ国内のトウモロコシ種子工場に対する、１億４０００万ドル（約２１０億円）という巨額の投資プロジェクトを公表していた事は、奇妙な偶然だろう。

同社のヴィタリー・フェドチュク広報担当はウクライナ国内向けの説明で、生産されるのはあくまでも非遺伝子組み換えトウモロコシだと強調していたが、その翌年に遺伝子組み換え作物への扉が開きはじめるとすれば、大規模投資はそのための先行投資として申し分なかった。

親米政権に入れ替わったこの時期に、米ウクライナビジネス評議会（ＵＳＢＣ）のモーガン・ウィリアムズ会長は、農業投資先として目をつけた同国の可能性について、こう語っている。

「ウクライナは金の鉱脈だ。しかし、取り除かなければならないいくつかの障害がある。法律で保護されすぎているのだ。まず手始めに、政府には国内の農地から、手を引かせなければならない」

この評議会執行部メンバーであるモンサントやカーギル、デュポンやパイオニア、ディアにイーライリリーなど、米国アグリビジネス大手の代表も、皆同意見だった。


その後、こうした外国人投資家たちのための総仕上げを行ったのが、２０１９年に就任した元コメディアンのヴォロディミル・ゼレンスキー大統領だ。

彼は大統領室に入ってすぐ、企業や外国人投資家に対するウクライナの農地売却禁止措置（モラトリアム）を解除するための法令成立に着手する。２０２０年４月の「農地市場法」に、農地が外国勢力に売られる危機感を抱いた農業関係者は、次々に立ち上がった。

大規模な反対運動は１年以上続いたが、ゼレンスキー大統領は２０２１年５月に「新型コロナウィルス感染拡大防止」を理由にデモを禁止すると、国民に向かってこう訴えた。

「安心して下さい。我が国のグローバル化を進めるために土地売買の規制は緩めますが、私はウクライナ人の農地だけは、法の力で必ず守ります」

その時ゼレンスキー大統領が署名した〈２１９４法案〉は、国内の大規模な土地売買を、ウクライナ人のみに許可するものだった。

〈世界有数の穀倉地帯〉ウクライナ

だが、そこには抜け穴があった。

確かに２０２４年までは外国人が農地を買うことはできないが、ウクライナ国内で土地を借り、３年以上ビジネスをしている外国の農業法人は規制から除外されるのだ。今後彼らはウクライナの土地を購入できる上に、ウクライナ人の賃借人と同じ条件で土地の先買権を持つことになる。

さらに、２０２４年からは、一つの自治体内で買える土地は全体の35％までという規定に対し、議会内では批判の声が上がっていた。地方自治体も35％もの土地所有者に対しては、強く物が言えなくなるだろう。

領土連合自治体研究所のイーホル・ミクラスチュク会

長は、地方自治体は大口納税者となる地域内の土地所有者に対し、中立を保つのは難しくなるだろうと懸念する。

さらに、この法律には、目立たない地雷が埋め込まれていた。

ゼレンスキー大統領は、土地の用途を農地から商業用に変更しさえすれば、外国人や外国企業に売っても良いとルール変更させていた。土地の用途変更は自治体に申請を出さなければならないが、ウクライナ地方議会の腐敗ぶりは有名なので、アグリビジネス大手や投資家たちにとってはむしろ都合が良かった。

ウクライナではこうした土地所有権についてのルール変更は、本来国民投票の対象であり、この時点の世論調査では国民の7割以上が外国人への農地売却に強く反対していた。だがゼレンスキー大統領は選挙公約を翻し、さらに外国企業に、特定地域での鉱物資源を採取する許可まで出すおもてなしぶりを見せたのだ。

こうしてついに、世界有数の〈土の皇帝〉の市場が大きく開かれ始めたのだった。

この肥沃な土地で、今後バイオ技術を駆使して大量生産する輸出用穀物の流通用に、カーギル社は、オデッサ地域の深海港ターミナル合弁事業ネプチューンの株を買い占めておくことも忘れなかった。

畜産農家を廃業に追い込む政府――オランダ

グローバル企業群と投資家たちに乗っ取られたとして批判された２０２１年の国連食料システムサミットで、ボイコットした人々の大きな懸念の一つは〈農地の所有権〉だった。世界の農地の７割の所有権は、グローバル企業と繋がった上位１％の大規模農場に集中するピラミッド型の構造になっている。

アジアでは取引される農地の76％が外国企業に買われ、ラテンアメリカとアフリカでも、農地の統合と、一握りの企業への土地所有権の集中は、年々進む一方だ。外国人の農地所有を禁じる法律がある国では、投資会社を通して購入される。例えば穀物最大手のカーギルは、農地買収を専門とする未公開企業を通して、30億ドル（約４５００億円）を超える農地を手に入れてきた。

アジア農民連合の調査員であるアーノルド・パディラによると、近年ますますアグリビジネスや、ビル・ゲイツのようなグローバル投資家による土地の買収や農村の大規模開発が加速しているにも関わらず、２０２１年の国連食料システムサミットの議論やその行動計画の中で、この問題は取り上げられなかったという。

「理由は明白です。今回のサミットを仕切っている人たちが、農民から土地を奪っている張本人ですから」

例えば世界銀行は、その民間部門である国際金融公社（ＩＦＣ）によって、アフリカの農村や先住民の土地約70万ヘクタールを、プライベート・エクイティ・ファンドを通して、外国人投資家が買うための融資を行ってきた。

だが、農民から土地を取り上げるのは、国際銀行や外国人投資家、グローバル企業だけとは限らない。

２０２２年7月22日。

オランダの高速道路はかつてないほどの大混乱に陥っていた。

長距離に渡って渋滞した道路脇では干し草から空高く炎が燃えあがり、道の真ん中に山のように積み上げられた家畜の糞尿や農業廃棄物が異臭を放っている。中心にいるのは畜産農家とそれを支援する市民で、政府のある方針に反発して3年前から続いている、怒りの抗議デモだ。

事のおこりは２０１９年10月。

オランダ政府が、国内の代表的産業である畜産を、いきなり縮小する方針を打ち出したのだ。

理由は、家畜の糞尿に含まれる「窒素ガス」や牛のゲップが出す「メタンガス」が、〈地球温暖化の原因になるから〉だという。

２０３０年までに家畜が排出する窒素の量を２０１９年比で半減させるという政府目標のターゲットになったのが、年間１０００億（約15兆円）ユーロの輸出額を誇る〈農業〉だった。

マルク・ルッテ首相は激怒する農民たちに向かってこう言った。

「仕方ないだろう、他に温暖化を止める選択肢がないのだから」

政府の試算では、この温暖化対策を実施することで、国内の畜産農家の30％は廃業することになるという。

たちまち畜産農家の人たちはトラクターに乗り込み、国会のあるハーグに向けて出発した。道路を埋め尽くすトラクターの群れがオランダ史上最大の渋滞を引き起こし、路上は大混乱に陥ることになる。環境大臣や同省官僚の住むアムステルダムではトラクターが鳴らす抗議のクラクションが響き渡り、畜産以外の農家や一般市民も、こぞって彼らへの支

抗議デモに集結するオランダの農家（2022 年）

援を表明した。

だが政府は方針を変えず、抗議運動はその後も続いてゆく。

その間ずっと双方の間には険悪な空気が張り詰めていたが、２０２２年６月に政府がトドメをさした。畜産農家の家畜数を３分の２に削減するか完全駆除させる農業改革に、２４３億ユーロ（約３兆６５００億円）もの予算をつけ、本格的に彼らを廃業に追い込む圧力をかけ始めたのだ。

政府のこのやり方に、畜産農家の怒りはピークに達し、クラクションを鳴らすなど生ぬるいとばかりに、牛舎からトラックで運んだ大量の糞尿を政府の建物に向かってぶちまけた。ルッテ首相は焦って言った。

「君たちは意見を言う権利はあっても、法律を犯す権利はない」

農地面積が日本の４割しかないにも関わらず、オランダが農産物輸出大国として大きな成功を収めた裏には、農地の大規模化やデジタルテクノロジーの導入など、農業の工業化を積極的に進めてきた政府の方針があった。

農水省を経産省の一部にし、輸出最優先の政策を強力に推し進めたため、小規模農家が廃業し、吸収され、少しずつ姿を消してゆく。

農業の工業化が進められる中、さらに残った国内農家を追い詰める政府の脱炭素政策に対し、野党からも反対の声が上がっていた。

下院のティエリー・ボーデ民主主義フォーラム党党首は、議会ではっきりと反対を表明する一人だ。

「科学的にはっきりとした根拠が示されていない地球温暖化の問題を盾に、国内産業や地域経済、国民生活を圧迫するのは間違っている。私たちはよりバラバラに分断され、ごく少数の人々がますます富み、権力を握り、支配権を握る中、普通の国民はますます貧しくなってしまう。

農民から土地を奪い、グローバル企業が所有する国際サプライチェーンに依存させることで、オランダの自治を弱めるこの政策には断固として反対する」

オランダの哲学者エヴァ・ブラディンジャーブローク博士も、政府は脱炭素政策を口実に、農民の自給力を失わせ、政府に依存させようとしていると指摘する。

「オランダ政府は農家を廃業に追い込み、彼らの土地を取り上げているのだ。

勤勉で、信仰心が強く、自らの土地で自給自足ができる農民たちは、簡単に政府の思い通りにならない。

土地を奪えば、彼らは自分の足で立つ力を失ってしまう。こんな横暴を許してはならない」

追い詰められた畜産農家が次々と廃業させられる中、この計画の旗振り役である、クリスティアンヌ・ファン・デル・ヴァルゼッゲリンク窒素政策大臣に国民の怒りが爆発した。彼女の夫が兄弟で経営する、大手人工肉専門オンラインスーパー〈Picnic〉が、人工肉推進の急先鋒であるビル・ゲイツから5億ドル（約７５０億円）の出資を受けていたのだ。

脱炭素政策に協力しない農民からは強制的に土地を没収するというヴァルゼッゲリンク大臣に対し、農家の側は「自立した農民が半世紀以上も家族経営で飼育してきた牛肉を人工肉に置き換える暴挙」だとして、大臣の利益相反に怒りの声を上げた。

電力や自動車産業に与えられた時間的猶予に比べ、なぜ畜産業だけがこんなにも急かされ、最後通牒《さいごつうちょう》を突きつけられるのか？

窒素肥料の使用を禁止され、続けられなくなった農家がやむなく手放した土地に、オランダ政府は低所得層用住宅を建てる計画を進めている。

移民受け入れ拡大のために、多くの住居が必要なのだ。

何世代にも渡って農業を営んできた自分たちの土地にアパートが建てられ、移民用の都市と化してゆくことも、農民たちの反発を高め、抗議運動は今も収束する気配がない。

国民の間でも彼らへの支援は拡がり続け、漁師たちもトロール船でハーリンゲン港を封鎖するなど、農民から農地を奪う政府への抗議行動は、ますます大きくなっている。

農業やめたら現金支給——イギリス

脱炭素計画を強力に推進するＥＵや世界経済フォーラムを支持するオランダ政府と同様に、肥料、ガス、その他農作業に必要なあらゆるものの値上がりが農家を苦しめているにも関わらず、政府が２０３５年までに、温室効果ガス排出量を78％削減（１９９０年比）する目標を掲げているのが、イギリスだ。

２０２２年４月。

ZELP社の開発した牛専用マスク

チャールズ皇太子（当時）が主宰するテラ・カルタ・デザイン・ラボは、同国のスタートアップ企業ＺＥＬＰ社に、気候変動対策に貢献したことを示す〈地球憲章・デザイン賞〉を与えた。

５万ポンドの賞金を得たのは、同社が開発した、太陽電池で動くミニ扇風機付きの〈牛専用スペシャルマスク〉だ。

このマスクを牛に装着すると、マスクの中で牛が吐く息に含まれるメタンガスのうち60％以上が、科学の力で速やかに分解され、二酸化炭素と水に変換される。

だが、世界初のこの画期的新商品を絶賛する、チャールズの熱気と対照的に、現場農家の反応はいまひとつだった。

彼らの話題に上ったのは、２０１９年にダボスで行われた「世界経済フォーラム」で、参加者が利用した約１５００機のプライベートジェットの存在だ。それらがスイス上空を往復する際、１機につき2トンの二酸化炭素が排出されている。

だが今政府が地球の危機を招くと騒いでいるのは、それよりずっと速い速度で大気から除去されるメタンガス、牛のゲップの方なのだ。

マスクの値段は一つ41ユーロ（約６０００円）。

これについて一人の農家がツイッターに投稿したつぶやきには、多くの賛同が寄せられた。

〈41ユーロのマスクを購入し、嫌がる牛たちに無理やり装着させる父親の姿を、息子に見せろって？　一体この冗談みたいな代物は、俺たち農家に何のメリットがあるんだね？〉

だが当の政府は冗談どころか、さらなる秘策を準備していた。

２０２２年７月。

政府は、農地売却と引き換えに、今度は農家に報奨金を支給することを発表する。

ローリー・スチュワート元国際開発大臣はこう断言した。

「温暖化防止政策を進める障害になるのは、何世代にも渡り家族で農業を続けてきた、高齢農家による抵抗なのです」

そこでそうした農家を一掃し〈温暖化対策〉を成功させるべく、農地売却で一時金を受け取る農家には、廃業するか、政府が指定する農業以外の仕事に転職するという、２つの条件をつけた。

ここでもまた、温暖化防止政策のターゲットは、土地を持つ農家だ。

だが新型コロナウィルスパンデミック不況やウクライナ紛争による肥料高騰で、すでに十分すぎるほど疲弊していた農家にとって、これはようやく差し出された救済だった。

世論調査では、イギリス国内の農家の75％が、農業を辞めて政府の指定する仕事に就く用意があると答えたのはそのせいだ。

政府による自国農家への兵糧《ひょうろう》攻めは、実に英国紳士らしいスマートさに満ちている。

オランダのように、直接強制などしなくとも、農家の方から自主的に白旗を上げてくれるのだ。

農地争奪戦と怒れるトラクター野郎たち

こうした国々で、政府が進めるＥＵと世界経済フォーラムの〈地球温暖化防止政策〉の実施は、自国の既存農業に終止符を打つことを意味していた。

オランダの農民たちと同じように、イタリアの農民たちもまた、この政策に反発してすぐにトラクターに乗り込むと、首都ローマに向かって発進した。

車に付けられた横断幕に書かれたメッセージはこうだ。

〈私たちは奴隷じゃない、れっきとした農民だ！〉

アイルランドではチャーリー・マッコナローグ農業大臣が、国内の農家に２０３０年までに約25％の窒素排出削減を強制することを明らかにし、農民たちの怒りを呼んでいる。同国農業協会のティム・カリナン会長は強い口調でこう批判した。

〈そんな大規模な減産を強いて、一体政府は自国農家を潰す気なのか？〉

カナダでは２０５０年までに温室効果ガス排出量をゼロにすることを掲げるマリークロード・ビボー農業大臣が、自国農家に窒素肥料から出る温室効果ガスの30％削減を要求する方針を固めたことを発表した。これを受けたカナダ国民の多くが、温暖化防止を理由に自国の家族農業を潰すこの政府方針に抗議し、すでに実施されているオランダ農民による抗議へ支援を表明する。

２０２２年７月にはすべての主要都市で、家族農業と農地を守るためのデモが呼びかけられ、多くの市民が参加した。

食料危機を警告する一方で、農家に減産を促す政府に対し、農民たちが国境を越えて団結し始めているのだ。

その一方で各国政府は、他国による農地買収にも神経をとがらせている。

２０２１年10月。

ニュージーランド政府は、外国人による農地購入を禁止する方針を出した。

２０２２年２月には、ドイツ政府が中国人による国内の土地や企業買収を警戒し、大至急何らかの措置をとることを発表している。

米国では安全保障に影響が出そうな土地取引やリース、使用権取得などについては、議会に設置された〈対米外国投資委員会〉が調査し、危ないと思われたら最後は大統領の判断で取引を停止させる拒否権を行使できるようになっている。

アジアではどうか。

中国やタイ、ベトナム、フィリピン、インドネシアなどでは、基本的に土地の取引とは「借地権」を意味し、外国人は土地を所有できない。

お隣の韓国でも、文化財や自然の保護地区や軍関連施設などは、〈外国人土地法〉という法律で規制されている。

日本の農地はどんどん売られる

日本は、今や国外から電話一本で土地を購入されている。我が国が、外国人に土地を所有する権利を与えている、世界でも数少ない国の一つであることをご存知だろうか？

１９９４年のＧＡＴＴ交渉の際、当時外国からの投資を優先していた日本政府は、外国人による自国の土地所有に規制をつけなかったのだ。

国内法より上位に位置するこの国際協定に一度署名してしまった以上、今から変更するのは至難の業だ。２０１８年には、航空自衛隊基地と隣接する北海道新千歳空港近くの土地約52ヘクタールが、中国の「アリババ」に約49億円で出品されていたことがわかり、安全保障上の懸念が広がっている。

北海道ニセコ町のように、条例で水源地域開発を許可制にするなどして規制をかけることは可能だが、追いついていないのが現状だ。

問題は農地だ。

２００９年に、民間企業も農地を借りられるよう法律が緩められている。

この時点ではまだ、議決権の４分の3を農業者が持ち、役員の過半が農業者である農業生産法人で、さらにその役員の過半には年間60日間以上の農作業が条件づけられていた。

だが２０１６年にはこれをさらに企業向けに開放し、農業者以外でも構成員になれ、農作業は誰か一人スタッフが田畑に行けば条件クリアというゆるい内容にしたのだった。

外国人による土地所有を規制する、「外国人土地法」（大正14年に公布）もあるにはあるが、運用するための政令を政府は一度も出したことがない上、２０１３年に交渉に参加したＴＰＰの中の、「外国人にも日本人と同等の権利を与える」というルールが障壁となり、もはや規制はできなくなっている。

そんな中、農水省の発表によると、２０２０年の外国法人などによる農地取得面積は、北海道、静岡、愛媛、茨城、佐賀の合計約20・６ヘクタールになるという。

さらに深刻なのは、貴重な水源地である森林の買収だ。

林野庁によると、２００６〜20年の間に外資系企業が買収した日本の森林面積の合計は２３７６ヘクタール、２００６〜10年と比べて４倍になっている。

東日本大震災の際に導入された再生可能エネルギーの固定価格買取制度や政府の融資制度に後押しされて普及率が上がった太陽光パネルもまた、日本の農地をじわじわと侵食している。

２０１９年時点の戸建住宅への普及率は９％、毎年18万件のペースで増えるとされ、東京都は２０２５年４月から戸建住宅を含む新築建物に設置を義務化づける条例改正を進めている。

畑や田んぼなどの農地に太陽光パネルをそのまま設置するのは違法だが、耕作放棄地や遊休農地など、誰も使っていない農地なら、別の目的で使うための「農地転用許可制度」の申請書を出せば可能になり、〈持続可能な発展と、無駄になっている農地活用とで一石二鳥〉だという。

だが本当にそうだろうか。

太陽光パネルにつけられた補助金が、電気代へ上乗せという莫大な日本国民の負担に支えられていること、10年で寿命が来て有害産業廃棄物と化すパネルの安全な処分方法がまだないこと、欧州の2倍かかる高額な導入費用が発電コストを押し上げていることや、自然発火による火災の危険があること、パネルの部品は中国がシェアを独占し、山口県岩国基地付近に設置されたメガソーラーを中国の国有企業上海電力の子会社が買収する等、多くの問題を抱えている。

増やせば増やすほどエネルギーという最重要インフラを他国に依存する体制ができてし

まう安全保障上のリスク、何よりも、一度転用してしまった農地ではもう野菜や米などの生産ができなくなり、「自然災害」や「食料危機」などの有事に使えなくなる食料安全保障リスクなど、数々のデメリットの方は、大半の国民には知らされていない。ようやく毎日新聞が２０２１年６月28日付の一面トップで「太陽光発電が『公害』　自然破壊・景観悪化　37府県でトラブル」の特集を載せたものの、今後10年で40兆円もの国民負担は一向に問題にならない。政府は２０２１年３月から荒廃農地の太陽光パネル設置条件をさらにゆるめてしまった。

米国防総省等が率先して進める遺伝子組み換えやゲノム編集などバイオ食品の研究や商品化、作付けに至るまで、一連の規制がゆるいことに期待する海外投資家たちの間で、今後日本の農地購入の意欲は、ますます高まってゆくだろう。

そもそもパンデミックとウクライナ危機で農業資材が高騰する中、日本の農家はどこも悲鳴をあげている。

特に飼料のほとんどを外国に依存する、畜産業界の経営は深刻だ。２０２２年９月には業界最大手の神明畜産が倒産。子牛の競り値が大暴落し、現場には失望が広がっている。

餌の高騰と政府の愚策が日本の生産者を追い詰める中、世界の他の地域では、家畜たちの存続そのものに、もう一つ別の方向から待ったがかけられていた。

第4章　気候変動の語られない犯人——〝悪魔化〟された牛たち

牛を食べると地球が持たなくなる？

２０１９年９月。

国連気候行動サミットに参加した小泉進次郎環境大臣（当時）が、現地ニューヨークでステーキに舌鼓を打ち、「毎日でも食べたい」などと発言し、日本国内で炎上した事件を覚えているだろうか？

ゲップと共に温室効果ガスを排出し、生産に穀物と水を大量に消費する〈牛肉〉は、国連が警告し、環境活動家の間でも激しく批判されているにも関わらず、それについての国際会合に日本代表として出席する環境大臣が、堂々とそんな発言をした事に、批判が殺到したのだった。

ＦＡＯが２００６年11月に発表した「畜産業の環境負荷報告書」には、畜産がローカル及び世界的レベルの両方における、環境破壊の最大の原因であり、温室効果ガスの18％（その後14・5％に修正）を排出していると指摘されている。

「この問題はずっと、業界ロビイストたちによって隠されてきたんです」

ロンドン在住で医療事務をしながら、10年以上肉食撲滅運動を続けているというジェシカ・フィッシャーは、こんな怒りを口にする。

「巨額の利益を上げる畜産業界の資金力が、畜産による環境破壊についての情報を出させないようにしてきたのです。肉食をやめさせないようにするために。私たちはこの歪んだ構造に気づかなければなりません。経済性と環境への配慮を両立させるのは、不可能だってことに」

２０１４年に公開されたドキュメンタリー映画『ＣＯＷＳＰＩＲＡＣＹ』（牛という陰謀）は、キップ・アンデルセン監督が、畜産業は車や飛行機などよりも気候変動の大きな原因ではないか？　という疑問を持ったことから生まれた作品だ。

映画は、ハンバーガー一つ作るのに２５００リットルの水が必要であることや、アマゾンの森林破壊の91％が畜産業によって起きていること、米国民の水の消費量が年間３８００億リットルなのに対し畜産業は12兆リットルも使っていることなどを問題提起し、業界に忖度してか畜産の話になると言葉を濁すグリーンピースのような大手環境保護団体らの実態を批判、さらにはブラジルで、熱帯雨林を破壊する大規模畜産に反対する活動家が大量に殺されているという、衝撃の事実も明らかにされる。

映画の中で、繰り返し訴えられるメッセージはこうだ。

〈地球環境と我々の健康を守るためには、肉食をやめてヴィーガンになるしかない〉

アメリカでは2021年4月、人気料理サイト「エピキュリオス」が、「気候変動を悪化させている張本人に売名機会を与えるのを断固拒否する」と宣言し、牛肉を使った新しいレシピは今後載せないことにした。

オランダ政府が家畜の30％処分を提案し、同国のハーレム市が、世界で初めて肉の広告を全面禁止したのも、家畜由来の温室効果ガス14・5％のうち、牛の排出量が最も多いという理由からだ。

北アイルランドでは「気候変動対策法」が議会を通過。羊や鶏と共に50万頭の牛を減らす方針が決定した。

ニュージーランド政府が発表したのは、牛のゲップや尿によって温室効果ガスを排出した農家に直接課税する計画だ。

このように、環境を破壊する犯人として牛を排除する空気は、近年急激に高まっている。

このまま牛肉を食べ続ければ、地球はもう、持たなくなると言うのだ。

だが本当にそうだろうか？

環境を破壊するのは牛ではなくその飼い方

２０１７年。

スペインのバルセロナに本部を持つ、食の主権と小規模農家の権利を守る活動をする非営利の国際団体ＧＲＡＩＮは、世界の食肉・乳製品企業上位20社が２０１６年に排出した温室効果ガスが、ＥＵ加盟国中最も気候汚染度の高い、ドイツ全土の排出量を上回っている事実を発表した。

牛のゲップや排泄物処理の際に出る亜酸化窒素やメタンガスなど、畜産から出る温暖化ガスは、前述のように世界全体の14・5％を占める。

同団体の研究員はこう言う。

「業界は、この排出量を減らす唯一の方法は、乳牛1頭から搾り出す乳量を増やすか、肉牛をより早く解体することだと言うでしょう。でも問題は牛そのものではなく、その飼育方法なのです」

工場式飼育法は、狭い場所に詰め込まれ、牧草の代わりにトウモロコシと感染症防止の抗生物質を食べさせられる牛たちにとって極めて劣悪な環境だ。

また、こうした大規模で工場型の畜産は、農村の経済や雇用を搾取しながら利益を生み出している。

そう、悪いのは牛そのものではなく、育てる手法の方なのだ。

その証拠に、育て方を変えた人々が、驚くべき結果を生み出している。


工業型畜産の本家本元であるアメリカでも、牛と土壌の共生関係が近年、注目をあびている。私が数年前に訪れたバージニア州シェナンドア・バレーの〈ポリフェイスファーム〉（多くの顔を持つ農場）には、国内外からひっきりなしに、視察や問い合わせがくる。

そこで3世代に渡り有機農業を営むジョエル・サラティンは、こう語ってくれた。

「牛のような反芻《はんすう》動物がいるからこそ、草は水分を補給し、土を作り、土壌の中の菌根菌に栄養を与え、最高のバイオマスになるんです」

　ジョエルの牧場には一つの哲学がある。

牛たちに健康な草を食べさせ、その上で成長させ、〈牛と草〉が持つ共生サイクルの循環を最優先すること。

　900頭の牛たちは、同じ場所でトウモロコシを集中的に与える〈管理型放牧〉ではなく、牧草地から牧草地へと移動させられる。

ポリフェイスファームのジョエル・サラティン

この〈輪換放牧〉によって、牛たちは移動しながら休みなく草を食べ続け、胃の中で発酵させた排泄物を栄養価の高い肥料として、また土の上に落としてゆく。

放牧密度が高いほど、地面に牛の体重が均等にかかり、たくさんの蹄《ひづめ》に集中的に踏まれて地中深くに押し込まれた草のタネは、たっぷり酸素を取り込んでふかふかになった土の中で勢いよく根を出し成長する。

こうして常に放牧されている牧草地は、生物多様性に富んだ循環型ポンプとなって、炭素を繰り返し土の中に戻して再生させ、肥沃度を高めてくれるのだ。

土壌に詳しいワシントン大学地球・宇宙科学部教授のデイヴィッド・モントゴメリ博士に、この手法について尋ねたところ、アフリカでバッファローの群れが草原を造ったメカニズムと同じだと説明された時の衝撃は今でも忘れられない。

バッファローの大群が草原を走り抜けていったあと、一気に食べられた草はできるだけ速く再成長しようとする。

その結果、土は肥沃になり、牧草の質がどんどん上がるという効率的なサイクルが生まれるのだ。

牛を自由に放しておく通常の慣行放牧と比べ、高密度で場所を移動させ続ける輪換放牧をしている牧草地は土の栄養分や有機物の含有量が高く、菌根菌がたっぷり入っていることが報告されている。

４０００万年の間、草と反芻動物の共存は陸地の4割を、大量の炭素を閉じ込める草原に変えてきた。

気候変動の犯人扱いされている牛たちこそが、実は土壌を改善し、炭素を地中に閉じ込める機能を取り戻させ、温室効果ガスを減らしてくれる大事な存在なのだ。

２０００エーカーの有機農場で、年間２００万ドル（約3億円）を売り上げるジョエルは、牛のゲップや糞尿による温室効果ガス、水質汚染についての質問にこう答える。

温室効果ガス？　全く心配ありませんよ、と。

牛たちのゲップや糞尿が出す炭素は、草地を移動する彼らのおかげで肥沃になった土壌の中にしっかりと固定され、大気中に排出されなくなるからだという。

ジョエルは厳しく指摘する。

「そもそも何十万頭もの牛を閉じ込めて飼うやり方の方が、多大な環境破壊を引き起こしているだろう？」

１９８０年代初頭にアメリカで始まった〈農の工業革命〉、それまで外で育てていた家畜を、自動車と同じように巨大な工場で生産することで、コストを最小にし、株主利益を最大化するアグリビジネスの発明だった。

機械化された工場の中に何万頭も入れられた家畜たちは、餌も水も管理され、排泄物も時間ごとに吸引されて池のような槽に捨てられる。

病気になると、今までのように獣医を呼ぶ代わりに、壊れた家電と同じように不良品として廃棄され、時間とコストが節約されるようになった。

密集した環境で感染症が蔓延《まんえん》するのを防ぐために使われる抗生物質の量も増え、50年代には年間２３０トンだったのが、２００５年にはその80倍の１万８０００トンが餌に混ぜられるようになる。

畜産の工業化は、驚異的レベルで株主利益を押し上げる一方で、不自然な飼育の皺寄せとして環境を破壊していった。

天然資源保護協議会やCDC（疫病対策予防センター）は、巨大工場から出る排泄物が集積池から漏れ出して地下水を汚染し、環境と生態系にもたらす危険な影響を指摘したが、政府は規制を強めるどころか、事業者側の地下水モニター義務を廃止してしまう。

売り上げが伸びるほどに事業者は政治家への献金を増やし、農と食の省庁に自社の幹部を送りこみ、ロビー活動に巨額の予算を投じることで、農業政策に影響力を行使していたからだ。

業界内では強者が同業者を次々に買収して自社の傘下に入れてゆき、90年代が終わる頃には、牛肉業界はたった4社が支配するようになる。

古今東西、巨大な資金力を持つ業界は、政治と癒着することでその力を維持してきた。この農法がもたらす環境破壊について表立って語られてこなかった背景にあるのも、官民の強力な癒着に他ならない。

こうして過去数十年の間に、農業という、効率化や巨大化と最も相容《あいい》れないはずの分野が、外交戦略と株主資本主義によって、全く別の新しいものに変えられたのだと、ジョエルは各地で講演し、肉食と温暖化の関係について心配する全米の人々に、ジョエルは辛抱強く説明する。

なぜなら環境問題について語る際、この歴史的経緯を知ることなしには、その本質を見誤ってしまうからだ。

細部ではなく全体を見なければならない。本来の農業が、そうであるように。

温室効果ガスを出さぬよう牛の遺伝子を組み換えよ

だが、近代化と株主資本主義が主流になるほどに、私たちが全体像を見る目はますます曇り、問題解決の手法も、より近視眼的な対症療法になってくる。

畜産業が排出する温室効果ガスが世界全体の排出量の14・５％を占めるという気候変動政府間パネルの警告を受けて、各国はいかにメタンガスを削減するかという研究を進めている。

餌に海藻を混ぜる、排出量に個体差があることを利用して、より排出量の少ない牛を交配させるなど、さまざまな実験が行われ、イギリスでは前述のように牛の吐くメタンガスを二酸化炭素と水蒸気に分離する、鼻輪型端末「ＺＥＬＰ」まで開発された。

中でも大きな注目を集めているのは、テクノロジーを使って、牛自体の遺伝子を操作する取り組みだ。

遺伝子組み換えサーモン発祥の地であるカナダでは、アルバータ大学のポール・ストーサード教授と、ゲルフ大学のフィリッポ・ミグリオ教授が共同で始めた〈ゲノム・カナダ・プロジェクト〉に、英、米、スイス、オーストラリアの研究者が参加、温室効果ガスをあまり出さない牛の遺伝子特定を進めている。

遺伝子さえ特定されれば、それを雄牛の精子の形で流通させることで、問題は解決するという考えだ。

このプロジェクトのもくろみはもう一つある。

メタンガス排出量が少なく最速で成長する優良な牛の遺伝子を、何世代にも渡り子牛たちに取り込めば、効率よく利益が最大化できるという。

参加している牧場主の一人は、こんなセリフを口にした。

「能力の低い牛にはこの世から去ってもらう。メタンガスを出さない牛だけが、生き残る価値があるのだから」

気候変動問題の解決に貢献し、ビジネスとしても儲かる、まさに一石二鳥というわけだ。

かつてカナダのゲルフ大学の研究チームが「環境に優しいうんちをする豚」を開発したというニュースが話題になったことを思い出す。豚のうんちが含むリンが、土の中で濃縮され地下に染み込んで川や湖を汚すからと、リンの量を減らすよう遺伝子を組み換える研究だ。研究班の微生物学者は、環境に優しくなるために、豚が必要とする遺伝子を我々が与えてやるのだ、と語っていた。

根本的に何かが間違っていないだろうか。

この研究には同業者からも懸念の声が上がっていた。

環境に優しい豚を本気で育てたいならば、リンを含む穀物の代わりに牧草を与えれば、環境に優しいだけでなく豚の健康にも良いではないか、と。

テクノロジーの進化によって、私たち人間は、ついに生き物をDNAから都合よく作りかえる〈神の手〉を得てしまった。

効率化の名の下に商品となった〈いのち〉の選別は、もはや〈優生思想〉として問題視すらされず、やがて暗黙の了解になってゆく。

「脱炭素なら牛と牧草のタッグが最強です」

こうした研究開発からは、大事なことが抜け落ちている、とジョエルは言う。

草食動物と土が、太古の昔から完璧な共生関係にあったという事実だ。

「最近、気候変動や炭素の害を理由に、牛たちがすっかり悪者にされていますが、ちょっと立ち止まって、こう問いかけてみて下さい。

一体この地球は、なぜ昔から草食動物だらけなのか？

牛には草食動物として与えられた歴史的な役割があるのに、人間は草の代わりに穀物を食べさせ狭い場所に押し込めて育てているでしょう？

そもそも放牧は環境を破壊する上に経済効率が悪いと言われますが、牛を牛として尊重する輪換放牧を試してみると、皆さん本当にびっくりしますよ。

脱炭素なら牛と牧草のタッグが最強だからです。

自然のサイクルを最大限回せば、資本も労力も最小で済むから経済性も最大になる。

農家と社会と環境にとって最大利益を生み出すのは、牛と牧草のコラボがつくる〈肥沃な土〉なんです」

インドの第3代農業大臣であるカナイヤラール・マネクラル・ムンシー博士は、同国で牛が文明の中心として崇められてきたことには、宗教や伝統だけでなく、土壌を豊かにし、食料システムの生産性をあげてくれるという経済的理由があるという。

インドでは牛は、前述したジョエルの言う、土の再生機能を働かせるための有機物を提供するという以上の恩恵をもたらしてきた。牛糞は農村が必要とする燃料の3分の2を賄い、皮は革製品などの輸出品として外貨を稼ぎ、インドの農村を支え、国の経済に多角的に貢献してきた聖なる存在なのだ。

だが多くの先進国で、牛は工業革命によって、聖なる存在どころか〝環境破壊の犯人〟だと言われる地位に転落してしまう。

大量の家畜が牧草の代わりに食べさせられる大豆やトウモロコシの生産に必要とされるのは、化石燃料から作られる大量の化学肥料と薬だ。

今や米国では全体の5割、英国では7割が家畜飼料の生産に消費されるこの化学肥料を作るために、さらに大量の天然ガスが消費される。

牛を育てるために、大量の水も使う。大量の家畜を1ヶ所に詰め込むことで発生する感染症や疫病を防ぐために、これまた大量の抗生物質も与えねばならない。

大量の水を給水・排水に使うために、世界の真水の7割が農業で使われ、干ばつが起きる頻度も年々上がる一方だ。

こうした〈大量・大量・大量〉のオンパレードは、当然大規模な環境破壊を引き起こす上に、牛たちがいなくなったことで、適切な循環がなされず大気中に過剰な温室効果ガスが放出されてしまう。

餌となる糖分が供給されないので微生物は死滅し、土壌が弱りきった土地は水分をとどめておく力がなく、雨が降ってもすぐに蒸発し、もはや草も生えない乾いた砂漠になってしまうのだ。

すでに世界の草原地帯の３分の２で進んでしまった、この砂漠化による環境破壊は計り知れない。

このままでは私たち人間も、他の生き物も、地上に住めなくなってしまうほど深刻な問題だ。

この危機を食い止める方法はあるのだろうか？

地球の砂漠化を防ぐには、バッファローを見よ

ジンバブエの生物学者アラン・セイボリー博士は、世界の農科学者と気象学者に向かって、残された選択肢はたった一つしかない、と呼びかけている。

「バッファローを見るのです。そして、家畜の群れに、同じ事をさせるのです」

ただ草原に放すのではない。

自然界を真似た形で、牛たちの大量の群れを他の動物と共生させながら、次々と別の場所へ、S字曲線を描くように遊牧するのだ。

アフリカで野生動物を研究していた博士は、バッファローたちが固まって移動する姿を見て、土壌再生の鍵が、草食動物の数ではなく、群れでの大移動にあることを発見した。

アラン・セイボリー博士

ずっと同じ場所にいさせるよりも、彼らが自然界でしているように、ある地域から別の地域へずっと移動している方が遥かに良い結果が出るのだ。

場所を変え続けることで、常に背の高い草を食べられる牛たちは、地面近くの草につく寄生虫にも、滅多に感染しない。

博士がアフリカでの研究からあみ出したこの「計画的遊牧」を行った土地は、最初の1年で生産性が5割跳ね上がる。

すでに五大陸、1500万ヘクタールの土地で始まっているこの手法によって、今環境破壊の元凶として問題になっている二酸化炭素を何千年分も、土の中に閉じ込め、産業革命以前のレベルに戻すことも可能だという。

テキサスＡ＆Ｍ大学のリチャード・ティーグ博士もまた、牛を気候変動の犯人とする通説について、私の質問に対し、生態学者としての立場から2つの視点を提供してくれた。

「その説は間違ってもいるし、真実であるとも言えるでしょう。

多くの牛が育てられている、管理不十分な牧草地は炭素を閉じ込める機能が失われているためにそれらのガスは大気に放出されますし、餌のトウモロコシもまた、耕作して化学肥料や殺虫剤が撒かれた畑で生産するため、土壌が破壊され、ここでもまた、膨大な炭素が大気中に放出されているからです。

一方、私たちと共に再生放牧や循環型栽培をしている人々は、まず痩せた畑や牧草地の土壌を、十分な管理によって再生させてから、輪換放牧を開始しています。このやり方だと牛は、地球の気候にも土壌微生物にも素晴らしい結果をもたらします。

つまり、牛たちが悪いのではないのです。

人間が牛を管理するそのやり方によって、１８０度結果が変わっている、その事実を見誤ってはなりません」

歩いて、食べて、牛は気候変動に立ち向かう

コロラド州立大学の〈土壌炭素ソリューションセンター〉のミーガン・マクミュラー博士は、全米の畜産牧場主に、牛を使って土壌を回復させ二酸化炭素を減らす、特定の放牧方法を広めている研究者の一人だ。

「牛は、単なる家畜でも、地球の気温を上げる犯人でもありません。かつて自然界に生息していた野生動物たちの代わりとして、私たち人間が破壊した土を再生するチャンスをくれる、貴重な存在なのです」

近代農法によって失われた、地球上で最も大きな炭素吸収装置の一つである土壌の力。だが、回復させる方法はあると私に力強く言った。

「狭い区域に短期間、高密度で放すことによって、牛たちは他の牛に負けるものかと先を争って、目についた草を片っぱしから選り好みせず食べるため、その分牧草も種の生存本能から、勢いよく、高い密度で伸びてきます。

生き延びるために強くなった草は、さらに多くの炭素や糖分を根っこを通じて土に供給し、土壌微生物たちをますます元気にし、より多くの炭素を、しっかり土の中に閉じ込め

てくれるのです」
狭くて牛の密度が高い分、満員電車の床のように何度も蹄で踏まれた地面には栄養分が押し込まれ、天然有機物で覆われた土はしっかりと水分を蓄えて、牧草を大きく育てるのだ。

今世界中で問題視されている、膨大な量の二酸化炭素。

この炭素を削減するためには、それを押さえ込む土壌の力を再生させるのが最も早道だ、というのがコロラド州立大学土壌炭素ソリューションセンターの研究の柱だ。そして土壌の再生には牧草の循環が必要で、そのためにはこのサイクルを回すキープレイヤーである牛たちが欠かせない。

これは希望の研究です、とマクミュラー博士は力を込める。

「牛たちは、歩いて、食べて、気候変動と戦ってくれるのです」

感染症に弱くなる牛たちと農家の悲鳴

しかし、牛たちの免疫は昔より弱くなり、今までなかった規模での感染症が、世界各地で確実に猛威を振るうようになっている。

２０１０年４月。

畜産王国の宮崎県で口蹄疫《こうていえき》ウィルスが発生し、わずか３ヶ月の間に、種牛を始め29万頭の牛や豚を殺処分することになった時のことを覚えているだろうか。

口蹄疫で殺処分した牛の埋却作業
（宮崎県都城市提供）

あの時東京では、こんな疑問の声が上がった。

「口蹄疫は自然治癒する上に、人間には感染しないウィルスなのに、なぜこんなにたくさんの牛や豚を殺さなければならなかったのか？」

かつて家族農家がそれぞれの家で少数の家畜を肥育していた時代、口蹄疫ウィルスに感染することは、さほど大きな問題ではなかった。

だが大量生産になれば話は別だ。

口蹄疫にかかると牛は餌が食べられず衰弱し、肉質が落ちたり乳を出さなくなってしまったりする。経済的価値が激減した牛を飼い続けると利益より維持費が上回り、農家は赤字になってしまうのだ。

さらに、強力な感染力を持つ口蹄疫は、密集した農場ではあっという間に拡大する。そしてまた、国際貿易市場で経済的価値を上げるには、ワクチンを打っておらず感染症も出していない〈清浄国〉の地位を維持しなければならず、一刻も早くウィルスを一掃し、再び清浄であると証明しなければならない。

牛たちを大切に育ててきた農家や、不眠不休で対応に走り回った県職員や獣医師たちが、苦渋の決断をせざるを得なかったのは、本当にウィルスという災害だけが原因だろうか。

口蹄疫の甚大な被害と大量処分をもたらしたこの出来事は、経済効率を軸にした〈近代的産業構造〉がもたらした帰結の一つだろう。

殺処分された牛たちと関係者たちの苦しみを、私たちはどう捉えただろう？

単に宮崎県という畜産王国に起こった悲劇として終わらせず、この出来事が投げかけた問題提起に、牛が持つ本来の役割や、これまでたどってきた歴史を紐解いて、向き合うことはあっただろうか。

健康な土の上の動物は、感染症にかからない

かつての日本で、牛は水田農業を共に営む〈仲間〉だった。

農業副産物を飼料として無駄なく食べてくれ、堆肥を生み出して農業を支える牛は、各農家が必要なだけ飼い、役目を終えたら家族で感謝して肉を頂くことで、その一生を終えていた。牛が口蹄疫ウィルスに感染しても、農家は自然治癒を待てばよかったという。だが、牛が〈農業の仲間〉でなく〈商品〉になった高度経済成長期以降は、できるだけ短期間で効率よく大量生産しないと、商品価値が落ち、経営が成り立たなくなった。米国産の飼料で育てた霜降り肉は国内外で有名になり、市場の需要に合わせて生産頭数も拡大されてゆく。

２０２０年5月13日から6月11日。

日本で、家畜伝染病の防止を理由に放牧による畜産を大幅に規制するために、飼養衛生管理基準を改正することに関するパブリックコメントが行われた。

〈もし、放牧ができなくなれば、もはや畜産は自然との関わりを断ち切られ、ファクトリー・ファーミング化してしまう〉

危機感を抱いた人たちからこのような反対意見が殺到し、農水省は管理基準の変更を撤回したのだった。

「健康な土の上で育った牛は、感染症にも強くなります。インドの農法に学んだ有機農業の父アルバート・ハワードが説いたように、多様な微生物が生きている土の上では、動物の免疫は強くなるからです」

原子物理学者で哲学者でもあるインドの環境活動家、ヴァンダナ・シヴァ博士が引き合いに出すのは、英国の農学者アルバート・ハワード博士だ。インドの農民の堆肥作りを研究し、1940年に、多様な微生物が共生する肥沃な土がそこで育つ動物を健康にすることを記した名著、『農業聖典』を書き上げている。

化学肥料を使わず動物の堆肥を土壌に戻す農法が、健やかな作物を育てること、そうして育った作物のみを食べて育った牛が、ワクチンを接種していなくても、口蹄疫をはじめ、家畜の伝染病や敗血症にかからなかった事実を目の当たりにした博士は、心の底から驚いたという。

そこでハワード博士はさらに実験を重ね、肥沃な土を作り出す再生機能の担い手が土壌微生物の中の「菌根菌」であることを突き止めた。

菌根菌は植物の根っこにくっついて菌糸を最大数メートルまで伸ばし、植物が光合成で作り出した糖類（炭素化合物）を餌として取り込む。

そして今度は菌根菌が、植物の餌である土の中の栄養（窒素、リン酸エステル、カリウム、鉄など）を吸収して、水と一緒に根っこまで運んでくれるというギブアンドテイクだ。菌根菌に覆われた根っこは病原菌の侵入も防ぐので、植物はよりたくましく育ってゆく。

だがハワード博士は、この時点ではまだ菌根菌のメカニズムを解明しきれず、この偉大な機能が日の目を見ることはなかった。その間に、米国発のもう一つの新技術が、世界の農業の常識を、あっという間に塗り替えてしまったからだ。

〝魔法の技術〟が菌根菌を破壊する

草食動物と土壌微生物の共生関係の偉大な機能を記したハワード博士の『農業聖典』が世に出たちょうどその頃、アメリカでは農業の専門家であるヘンリー・ウォレス副大統領が、ロックフェラー財団と共に、〈農業技術〉を石油に次ぐ独占市場として展開する戦略を、粛々《しゅくしゅく》と進めていた。

第二次大戦中の爆薬製造用に作られた米国内の窒素工場は在庫を持て余していて、政治的にも経済的にも、次なる市場の開拓は急務であり、白羽の矢が立ったのが〈農業〉という分野だ。

一握りの企業が流通を支配して売買を管理し、他国との外交によって蛇口を開け閉めしながら余剰と不足を操作できるビジネスモデルは、石油だけでなく農産物にも適用できる。副大統領としてこの新しいプロジェクトを担当したウォレス氏の目には、この新市場が持つ巨大な可能性がはっきりと見えていた。その見立てに狂いはなく、彼が立ち上げた種子会社は、のちにアグリビジネス大手ダウ・デュポン社として、国際食料カルテルの上位に君臨する事になる。

手始めに必要なのは、途上国向けの、収量を飛躍的に上げるための新しい農法だった。

そこでロックフェラー財団の植物学者ノーマン・ボーローグ博士が、痩せてスカスカになった農地を、新種の穀物と化学肥料で、魔法のように復活させる手法を開発する。

〈緑の革命〉だ。

品種改良によって、太い茎にたくさんの穂をつけて数倍の収量をもたらす画期的なこの新品種小麦は、最初にメキシコ、次にフィリピン、60年代半ばに国家規模の飢餓に見舞われたインド、その隣のパキスタン……と、次々に導入されてゆく。

果たして、その効果は絶大だった。

そこで小麦だけでなくトウモロコシも改良され、１９６０年には、フィリピンに〈国際イネ研究所〉が設立された。高収量の新品種米によって、米の国内自給を達成したフィリピンは他国にまで輸出できるようになり、１９６３年にはメキシコもフィリピンに倣《なら》って、〈国際トウモロコシ・小麦品種改良センター〉を立ち上げた。

この新品種の穀物と、農薬に化学肥料、農機具一式のセット売りによって、モンサントやダウ・デュポン、シンジェンタなど、化学メーカーには空前の利益がもたらされた。〈緑の革命〉は、農産物を戦後の外交戦略材料と位置づける米国政府にとっても、重要な意味を持っていた。

ジョンソン大統領はこの新しいビジネスモデルを後押しすべく、米国から途上国への食料援助の条件に新しく以下の項目を加えている。①この化学的農法の導入に合意すること。②米国投資家の農業部門への参入を許可すること。

途上国の食料不足を増産で救済する農法として大々的に宣伝されたこの〈緑の革命〉は各地で絶賛され、ボーローグ博士は70年にノーベル平和賞を受賞したのだった。

だが、〈緑の革命〉には、受け入れ国とその土壌に大きな落とし穴を空けていた。

前述したように化学肥料や殺虫剤、水をたっぷり使うのだ。

そして薬剤からトラクターから、地下水を汲み上げる最新式農機具に至るまで、米国製の製品を買わねばならない。

先の輪換放牧のジョエルや、インドの農民に学んだハワード博士の言葉を思い出してほしい。

地下水を過剰に汲み上げ、化学肥料を投入することで、土の中の微生物に、一体何が起きるかを。

土壌の劣化がもたらす弊害は、70年代になると目に見えてはっきりと現れてきた。

自然な土壌からの栄養でなく、人間の手で化学肥料を与えられた植物は糖類を出さなくなるため、土の中の菌根菌は餌がないままに衰えてゆく。

根っこを覆ってくれる菌根菌がいなくなると、植物は害虫や病気にやられやすくなる。

柔らかくしてくれる微生物がいないと、土はどんどん固くなって水を吸い込めなくなり、雨が降るとバラバラになって流されてしまう。

品種改良された小麦を導入したインドのパンジャブ州では、地下水を汲み上げるために州内に井戸をどんどん掘り、用水路を作り、米国の化学メーカーから購入した農薬と化学肥料を大量に畑に投入した。

その結果、１３０万本も掘ってしまった井戸のせいで地下水位が大幅に低下、化学肥料によってスカスカになった土地は雨が降る度《たび》に水浸しになり、塩害で収量は激減し、最後は荒廃した土地になってしまった。

フィリピンでも菌根菌の減少で植物の根っこが脆弱《ぜいじゃく》になり、害虫被害が発生し米の自給率が急落、結局また輸入しなければならない羽目になった。

また、大量の農薬と化学肥料の継続購入に加え、地下水を汲み上げる最新設備など、莫大な経費を途上国が払えるはずもなく、世界銀行や米国政府が保証する米系銀行に利子付きのローンを借りることになる。

返済能力のない小規模農家は土地を手放すことになった。さらに新品種の穀物のタネは再生能力が取り除かれていたために、農家は農薬や肥料の他に、タネも特許を持つアメリカの巨大企業から毎年買わなければならない。

こうして世界各地で植物と土の共生関係が消滅してゆき、ＦＡＯは、すでに世界の土壌の３分の１が劣化し、今のままではあと半世紀超のうちに、地球上の土は全て使えなくなってしまうだろうと警鐘を鳴らしている。

牛をうまく使えば、日本の山はすごい資産になる

世界中で牛たちへの逆風が吹き荒れる中、真逆の発想をする人間は、ここ日本にもいる。

「美味しいお菓子を究極まで追求した結果が、〈放牧〉だったんです」

そう言うのは、北海道日高町にある牧場を運営する「ユートピアアグリカルチャー」を含む5社からなる「北海道コンフェクトグループ」の長沼真太郎社長だ。

「お菓子の原材料も自分たちで作る気で探したら、加工した時最も合うのが放牧牛の生乳でした。口にした時にあとから広がる風味がまったく違うんですよ。だから買い取った牧場を繋ぎ牛舎から放牧式に変えました」

長沼氏によると、放牧酪農には4つのメリットがあるという。

「まず牛舎式だと4年と短い寿命が放牧だと3倍の12年に延びます（動物福祉）。次に草はタダなので、通常畜産で経費の半分を占めるエサ代や牛舎などの設備投資がかからない（経費削減）。牛をうまく使えば土壌の循環能力を再生させ温暖化ガスを土壌中に隔離できる（気候変動対策）。そして運動量も多くストレスが少ないため、牛たちの免疫力が圧倒的に高く、感染症などの病気にかかりにくいんです（病気対策）」

北海道では酪農をやめる人が多い一方で新規参入も増えている。売上高は低いが利益率が圧倒的に高いからだ。今、ウクライナ危機と円安で国内の畜産農家が悲鳴をあげる中、「お菓子の規模だから」と言いながら、長沼氏の牧場は影響を最小限に抑えられているという。

「ユートピアアグリカルチャー」では牛をうまく使うことで土壌機能が再生するかの実験をしている。

単に温室効果ガスを減らす〈持続可能型〉より一歩進んだ〈環境再生型農業（Regenerative Agricultre）〉だ。広い土地を区切って牛を移動させる輪換放牧で、草の成長ポイントに合わせたタイミングで牛を入れてゆくことにより、草の成長効率を最大化するのが鍵だという。

さらに、同社は鶏の平飼いも行っているが、鶏から出る糞を牧場へ持っていき肥料にすることでより良い草ができる。微生物が活性化した土で育った栄養満点の草、それを食べた牛から搾ったミルクはビタミンやカロテンたっぷりで、加工すると風味が良い。このミルクと平飼い卵で作ったチーズケーキは生産が追いつかないほどの大ヒットとなった。

かつてアメリカに滞在し、最先端のアグリテックにも触れている長沼氏はなぜローテクとも言える道を選んだのだろう。

「確かに合成乳製品のようなフードテックに興味は湧きました。でも同時期に〈環境再生型農業〉のことを知って、こう思ったんです。特別な時の楽しみや大切な人に贈る嗜好品であるお菓子は、〈本物〉を目指すべきだろう。ならば環境再生型にすることこそが、自分たちのミッションではないか、と」

　放牧酪農を実践し、牧場では実証研究も始めた。牧場と山地の2箇所で、北海道大学を中心としたチームの協力で土壌の炭素量などを数値化、比較データを出している。

「日本は国土の7割が森林なのに、今や林業が衰退してその価値が活かせていません。でも牛なら山を活性化させてその価値を引き出すことができる。まだ実験中ですが、うまくいけば山で酪農をして、二酸化炭素排出量を抑えた分を〈炭素クレジット制度〉で換金し、牛乳の利益とダブル収入にすることもできるでしょう」

「牛をうまく使えば、日本の山はすごい資産になりますね」

「その通りです。何もしていない森が大量に有る日本にはすごいチャンスがある。例えば日本たばこ産業がＣＳＲ（企業の社会的責任）として北海道に森林を持っていますが十分に活かしきれていません。我々のノウハウで牛を入れて活用してほしいのです」

「日本で慣行畜産から放牧へ移行する際の最大の壁とは何でしょうか？」

　長沼氏はキッパリと言った。

「稼げないことです。もちろん広い土地がなければ物理的に無理ですが、それ以上に日本は放牧に補助金を出しません。飼料や農薬を売る立場の農協も放牧は勧めない。工業型畜産に求められるのは生乳量だけで、酪農の潜在的価値は理解されていません。だからうちがまず結果を出して、先行事例を作りたい」

「欧米を中心に牛は気候変動の犯人と見られ、肉食も含めて今やすっかり悪者ですが」

「牛の飼料効率が悪いのは確かでしょう。これだけ人口が増えている今、毎日食べるべきじゃないし、給食に毎日牛乳を出すべきじゃないとも思っています。再生型の放牧をやる人が増えたら、生乳量は半分になるでしょうが……」

　大量生産の後押しに補助金を出す戦後から続く農業政策、牛たちの寿命と、感染症と戦う免疫力の高さを左右するもの、そして気候変動対策と食料生産維持のために一刻を争う土壌微生物の蘇生……。立ち止まり、ギアチェンジすべきタイミングの足音が聞こえるだろうか。

　長沼氏は力強くこう続けた。

「ただし放牧で日本の土壌と環境は再生するし、森林というこの国が持つ資産を活かせる。これは選択肢の問題なんです。

　牛が悪いんじゃない、問題はその育て方なんです」

SDGsには〈土壌〉という言葉がない!?

今まで大きな関心を集めなかった土壌と気候変動との深い関係は、日本でも注目を浴び始めている。

2019年。

国際科学技術財団が主宰する〈日本国際賞〉の「生物生産、生態・環境」分野において、米オハイオ州立大学特別栄誉教授で炭素管理・隔離センター長の、ラタン・ラル博士が表彰された。

アフリカの土壌劣化調査をきっかけに、食料生産のための土を守り、炭素を貯蔵する土壌微生物の活性化によって気候変動を抑制する〈不耕起栽培（土を耕さない農法）〉と被覆作物（土の表面を覆う作物）を組み合わせた農法を確立した功績が、高く評価されたのだ。

受賞インタビューの中で、博士はこんな疑問を口にした。

「SDGsの目標には、なぜか〝土壌〟という言葉が直接でてこないのです」

それは奇妙な話だった。なぜなら博士の言うように、土壌の改善なしに、持続可能な開発目標の達成は不可能だからだ。

「土壌を破壊するのをやめなければ、貴重な菌も微生物も死んでしまう。微生物も含めた種を守るためには、土壌を守らなければならないのです」

　不耕起栽培は、土を耕さないことで土壌を守り、大気中の二酸化炭素を土の中に戻し、肥料の使用量を減らし、生物多様性を回復させることで収量を増やす、持続可能な農法だ。土壌侵食を大幅に減らせるし、水田に使えば水質も改善できる。

　世界で不耕起栽培が普及している地域は、アメリカ、ブラジル、アルゼンチン、カナダ、オーストラリアの順に面積が広い。

　トウモロコシや大豆畑が殆どを占め、政府が積極的に補助金を出して、不耕起栽培を奨励しているのが特徴だ。

　１９３０年代に酷《ひど》い干ばつと雨風による大規模な表土侵食がおきたアメリカでは、苦汁を嘗《な》めた中西部農家を中心に、耕す農法が見直された歴史がある。90年代には農地のわずか６％だったが、その後２００４年に22％、２０１６年には35％と拡大し、今や大規模農場の半分が不耕起栽培だ。

　土壌に戻した二酸化炭素を数値化した「炭素クレジット」を、カナダの同業者にも売っている。

耕す時間が減れば、その分労力と燃料を節約できて利益があがる。

だが不耕起栽培には問題もあった。今まで土を耕すことで除去していた雑草や害虫の存在に悩まされるのだ。

これを解決したのが、バイオテクノロジーの力だった。

除草剤に耐性のある遺伝子組み換え種子を植え、その作物専用の除草剤を撒く。これを一緒に使うことで、邪魔な雑草だけが魔法のように枯れるセット商品だ。遺伝子組み換え種子メーカーは、この技術が大規模な不耕起栽培を可能にし、持続可能な農業を実現させたと言う。土壌流出の緩和と経済性というメリットから、アメリカの遺伝子組み換え畑には不耕起栽培が多いが、有機農家に不評なのはこうした理由からだ。

世界の不耕起栽培マップを見れば、なるほど確かに1位のアメリカを筆頭に、ブラジルにアルゼンチンにカナダにオーストラリアと、大規模な遺伝子組み換え栽培をしている国々が上位を占めているのは、決して偶然ではないだろう。アメリカの不耕起栽培作物の筆頭である、大豆とトウモロコシも、全米で作られる90%以上が遺伝子組み換えだ。有機の不耕起栽培をする農家もいるにはいるが、まだまだ圧倒的に少ない。

だがそもそも不耕起栽培の目指すものは、いじめ抜いた土を自然の循環に戻し、再生させた土壌微生物の力を借りた、持続可能な食料生産ではなかったか？

一方、日本では、不耕起栽培はアメリカや南米とはその出発点が対極にある。不耕起、無肥料、無除草という三大原則を提唱した、愛媛県出身の農学者、福岡正信氏の自然農法は、〈自然を利用するのでなく、自然の一部として生きる〉という東洋哲学が根底にあった。

１９７５年に出版した著書『自然農法　わら一本の革命』は、二十数ヶ国で読まれ、国内外で数々の賞を受賞し、その思想は今も世界中に影響を与えている。

完璧な調和を持つ大自然に対し、人間があれこれ足そうとするからおかしくなる。近代科学を批判する福岡氏が提唱したのは、むしろ余分なものを削《そ》いでゆく、いわば引き算の農業だ。

決して放置するのではなく、その大いなる循環の輪を乱さずに、自然から頂戴する知恵が、日々の中で問われてゆく。

前述した地質学者のモントゴメリ博士は、新しい農業哲学は、土壌を化学や遺伝子工学でみるのではなく、生物と生態学からみる地球の循環システムを原理にすべきだという。だが国連の気候変動パネルは、私たち人間に残された時間は想像以上に少ないと繰り返し警鐘を鳴らし、温室効果ガス除去を始めテクノロジーの力が必須だと声高に主張する。

２０１８年のＩＰＣＣレポートが示唆する、各国政府が20年にわたりＧＤＰの２・５％を投入すべきだとの提言に沿うように、グーグル、アップル、アマゾン、マイクロソフトなど、ビッグテックによる農業分野への参入が、スピーディに動き出していた。

第5章　〈デジタル農業計画〉の裏——忍び寄る植民地的支配

耕地面積の25%を有機農地に！「みどりの食料システム戦略」

２０２１年９月。

国連食料システムサミットの席で、日本政府は「みどりの食料システム戦略〜食料・農林水産業の生産力向上と持続性の両立をイノベーションで実現〜」を発表した。

２０５０年までに技術力で化学肥料を３割、農薬を５割（リスク換算）減らし、国内の有機農業面積を現在の２万ヘクタールから50倍の１００万ヘクタールに拡大するという高い数値目標だ。

前年２０２０年10月にも菅義偉総理（当時）が、臨時国会の所信表明演説で、「２０５０年までにカーボンニュートラルを実現」すると宣言、アントニオ・グテーレス国連事務総長をはじめ海外から賞賛を受けている。今回サミットで出されたこの戦略について、国内では〈２０５０年に有機農業25％へ〉といったヘッドラインが、大手新聞の紙面を飾った。

２００６年に有機農業推進法ができてからさっぱり面積が増えていないにもかかわらず、いきなり大風呂敷を広げた政府の計画に、たちまち国内から賛否の声が上がった。

みどりの食料システム戦略

1. 農林水産業の二酸化炭素排出ゼロの実現
2. 化学農薬の使用量50％低減（リスク換算）
3. 化学肥料の使用量30％低減
4. 有機農業面積を100万ヘクタール、耕地面積の25％に拡大
5. 持続可能性に配慮した輸入原材料調達（2030年までに）
6. エリートツリー（優れた樹木）等を林業苗木の9割以上に
7. ニホンウナギ、クロマグロ等の養殖で人工種苗比率100％を実現

（概要。2021年5月12日農水省発表）

有機農業面積25％という数値に対し、真っ先に反対の声をあげたのが、日頃から農薬や除草剤のメリットを主張するWedgeなどの企業系メディアだ。

国立医薬品食品衛生研究所の畝山智香子安全情報部長は、同誌インタビューの中で、草取り作業による腰痛や熱中症など、除草剤を使わないことが引き起こす健康被害を指摘した。

ロボット除草もコストがかかりすぎ、機械除草は石油を使う、そもそも水田自体が温室効果ガスを出すではないか、と、さまざまな理由から否定的だ。

また、安心農業株式会社の藤井淳生社長は、日本は、農薬使用大国（単位面積で）にならざるを得ない理由があると訴える。

例えば、小麦に発生するカビ毒を半減できる農薬の有効性や、高齢化が進む平均年齢67・1歳の農家を、重さ数キ

ロの草刈り機を背負っての辛く危険な農作業から解放する除草剤の重要性などを挙げ、消費者は単純に無農薬を求める前に、こうした農薬や除草剤の必要性と効能を、正確に理解すべきだと言うのだ。

イノベーションを中心にしたこの新しい戦略で、裁判沙汰になった〈グリホサート系除草剤〉やミツバチの大量死との関係が指摘される〈ネオニコチノイド系農薬〉を減らす代わりに今後浮上してくるのが、テクノロジーをフルに活用した、次世代新技術、RNA農薬（遺伝子組み換え農薬）やゲノム編集、デジタル農業だ。

害虫の遺伝子を破壊して農薬を減らせ

日本政府が2040年からの開発・普及を視野に入れている、害虫、病気、雑草対策の3つに使えるRNA農薬は、今世界のスタートアップ企業の間で注目されている。

1998年、米国の科学者であるアンドリュー・ファイヤー博士とクレイグ・メロ博士の2人が発表し、2006年にノーベル生理学・医学賞を受賞した技術だ。

害虫の遺伝子機能をブロックしたり、カビ菌の細胞に遺伝子を破壊する指示を出させたりと、農業生産の障害になる遺伝子のスイッチを人工的に切ることができる。

その後２０１７年に、化学メーカー世界最大手のモンサント社（現バイエル社）が、トウモロコシにつく害虫〈コーンルートワーム〉を標的とするＲＮＡ農薬（遺伝子組み換え農薬）の、米国環境保護庁（ＥＰＡ）認可を取得した。

それまでの害虫対策では、害虫の必須タンパク質生成を阻止するタンパク質を持つようトウモロコシの遺伝子を組み換え、それを食べた害虫が死ぬという仕組みだった。

だがその後技術の進化で製造コストが下がり、作物に直接散布できるＲＮＡｉスプレーの商業化が一気に現実味を帯びてくる。

例えば、キャベツの葉を食べてしまうアオムシに噴きかけるだけで、いつもなら共存できるはずのバクテリアに対する防御機能を破壊して殺せる遺伝子組み換え農薬スプレーだ。

化学農薬とは対照的に、ＲＮＡｉは必要なタンパク質がそもそも作られないようにする。生物のＤＮＡに格納された遺伝情報が翻訳されてタンパク質が作られる過程で、狙ったステップを妨害するというわけだ。

ゲノム編集技術を安価で製品化するこのプロジェクトは、次の有望市場として各国の投資家たちから大いに期待されている。

従来の遺伝子組み換え作物や化学合成農薬は、同じ場所で使い続けると作物や害虫が耐性を持ってしまい、だんだん効かなくなり使用量が増えてしまうデメリットがあった。

　ＲＮＡｉスプレーも原理は同じで、使い続ければやはりカビや害虫に耐性ができ、さらに強力な薬剤が必要になり、時間と共に散布量は増えてゆく。

　ＲＮＡｉスプレーの開発企業であるルネッサンス・アグ社のマイケル・ヘルムステッター会長も、これについては否定していない。

「これは既存の農薬を、１００％置き換えられる、というものではありません」

　だが取り急ぎ、政府は農薬と化学肥料を減らすという当初の数値目標に近づける。そして農薬メーカーや投資家の四半期利益の見通しは、明るいだろう。

「みどりの食料システム戦略」には、一つ見落としてはならない大事なポイントがある。

この計画では減農薬と引き換えに生じる〈リスク〉を評価していないのだ。

　農薬をゼロにしなくとも、テクノロジーで作った農薬２・０を散布すればいい。

　メーカー側は、この農薬は危険はないと説明する。

「ＲＮＡ農業の成分は２、３ヶ月で分解されますから」

　だが、生態系への影響はいまだに未知数だ。

　農水省はこうした〈革新的技術〉を〈みどり戦略〉実現の柱に据え、令和４年度の概算要求に、30億円を計上した。

農民の目となり手となり脳となるテクノロジー

有機農業の大きな障害とされてきた雑草対策のみならず、テクノロジーの進化によって、農作業そのものの自動化が全世界でスピーディに進んでいる。

アメリカを始め、近代農業を進めてきた〈科学技術信仰〉は、この間日本にもしっかりと根を張ってきた。

〈みどり戦略〉の副題には〈イノベーション〉の文字が並び、農薬・化学肥料の削減手段に、AIやGPS、ドローンやクラウド管理などの〈スマート農業〉が記載され、農水省は、生産から収穫、出荷という一連の流れを全てロボット化するシステムの普及を積極的に進めている。

ロボットが撮影した作物の画像データがクラウドに送られ、AIが色や形を解析しながら作物に最適な量の水や液肥を供給し、収穫時期を予測してくれる。撮影した画像は位置情報と紐づけられているので、収穫作業に必要な人数も時期も正確に予測でき、何とも無駄がない。

作物の状態は24時間３６５日、ネット上で監視され、何かあればＬＩＮＥなどからすぐに通知がくる。アプリの使い方が分からなくても専任のサポートデスクがあるので安心だ。

作物の生産、収穫、出荷に加えて従業員の労務管理も全てやってくれるので、農業経験者でなくても、ＡＩが出した数値に沿って進めればできてしまう。

農水省のサイトには、このシステムを実際に導入している農家の肯定的な反応がいくつも紹介されている。

〈収量があがりました〉

〈今後農業者は、〝現場で働く人〟から、〝管理する人〟に変わるのです〉

野村アグリプランニング&アドバイザリー社主席研究員で『２０３０年のフード&アグリテック』の著者の一人である佐藤光泰氏は、植物工場や陸上／先端養殖、ロボット農業、生産と流通のデジタルプラットフォーム、バイオ農業（人工タンパクとゲノム編集）の4つを〈第三次農業革命〉とし、なり手不足で、耕作放棄地が増えている日本の農業にいま必要なのは、こうした最先端技術を使った〈大規模化〉〈生産性向上〉〈工業化〉だという。

まさに20世紀の近代農業文明の根幹、日本の農政を方向づけてきた3つの柱が、日本の危機を救うという考えだ。

だが覚えているだろうか？

これからは生産拡大だけでなく地球環境にも配慮した「環境保全型農業」が必要だとして、１９９２年に農水省の中に「環境保全型農業推進室」が設置されたにもかかわらず、日本で有機農地が拡大しなかったことを。最大の要因は、政府がすすめた〈大規模化〉〈生産性向上〉〈工業化〉という市場原理重視の政策だった。

そうこうしているうちに、消費者側の遺伝子組み換え作物離れや環境問題への関心の高まり等から、日本以外の国では、脱農薬の動きが広がり、有機市場が急成長してしまった。

中でも今後確実に大きくなるこの輸出市場に目をつけた中国は、急旋回の動きを見せている。有機農業拡大政策を積極的に推進し、90年代には地方政府と農村を連携させ、２００３年には国内有機認証機構を設置して有機認定ガイドラインを完成させた。

日本の消費者の間では、農薬多用のイメージが強く安全が不安視される中国製農産物だが、ＥＵやアメリカへの輸出を伸ばし、今や有機農業面積で世界3位、この間国際社会の潮流は、急速に方向を変えてきている。

周回遅れのここ日本で、ようやく「みどりの食料システム戦略」が出てきた時に、同じタイミングで、新型コロナウィルスパンデミックが世界中の物流を滞らせ、さらにロシアによるウクライナ侵攻で各国が輸出規制をはじめた。

輸入依存の農政を続けてきたために、肥料も農薬も手に入りづらくなった日本の前に伸びる2つの道のうち一つが、科学技術信仰だろう。

魔法のようなテクノロジーは、食と農に関する根本的な考え方を大転換せずとも、今までと同じ〈大規模化〉〈生産性向上〉〈工業化〉を前提にしたまま走らせてくれる。

家畜を大量生産するために工場に閉じ込めた結果、環境破壊が進んでしまったことの解決策として開発されている、人工肉を大量生産するバイオ技術のように。

土壌微生物の遺伝子を操作して、もっと脱炭素を！

バイオ技術の進化は、人間が壊したものの後始末も可能にする。

今、地球温暖化の原因とされている二酸化炭素は、本来植物が光合成によって大気中から除去してくれ、さらにそれを土壌が地中に貯留しておいてくれるものだ。だが、近代科学農業によって土壌微生物が減少し、炭素を留《とど》めておく土壌のこの機能が失われてしまった。

「ならば、科学の力でこれを解決すれば良いではないか」

そう思いついたのは、第2章で触れた、ノーベル賞を受賞したゲノム編集技術〈クリスパーキャス9〉の開発者たちだ。

植物の生命設計図であるDNAを書き換えて、植物と土壌が大量の炭素を除去するように、その遺伝子を操作すればいい。

早速この技術の生みの親であるジェニファー・ダウドナ博士が創設したゲノム編集技術の研究所（Innovative Genomics Institute、以下IGI）に、微生物生態学者、植物遺伝学者、土壌科学者のチームが立ち上げられた。

ゲノム編集技術の開発でノーベル化学賞を受賞したジェニファー・ダウドナ博士

ゲノム編集技術によって、光合成の効率を高め、取り込む炭素量を30%増量することで、年間10億トンを超える二酸化炭素を土壌に取り込む新種の植物を人間の手で作るのだ。

プロジェクト期間は3年間。

開発資金は、メタ（旧フェイスブック）社の創業者マーク・ザッカーバーグ夫妻のＣＺＩ基金が１１００万ドルの研究費を投じてくれた。

植物だけではない。

地球が誕生して以来、複雑な機能で植物と動物の生物循環を支え続け、１グラムの土の中に１０００種以上、億単位の数が存在する〈土壌微生物〉もまた、重要な研究対象だ。

ＩＧＩの科学者チームは試験場の水田に植えたゲノム編集イネが土壌微生物にどう影響するかを丹念に調査している。微生物そのものの遺伝子を直接操作して、人間が破壊した環境の後始末をしながら80億人を養ってくれる新品種のイネが完成したら、次はアジアやアフリカの穀物遺伝子だ。開発した種子をそうした地域の農民に配布して継続的に使ってもらうには、温室効果ガス対策だけでなく、土壌の肥沃度もあげ、作物の収量も増えるように、まとめて遺伝子を操作する必要があるという。

食料危機と気候変動の問題はテクノロジーで解決するというこの路線は、科学者だけでなく、バイオや製薬、農薬・化学肥料などアグリビジネス業界でも主流になっている。

世界トップクラスの農薬大手シンジェンタ社は、ＤＮＡを解析し、遺伝子を編集し、ビッグデータを活用すれば脱炭素と食料増産の両立が可能だといい、世界の穀物の大半を支配するカーギル社は〈再生農業〉を支援している。

テクノロジーが世界の小規模農家に力を与えると豪語するのは、遺伝子組み換え種子のモンサントを買収した化学薬品大手のバイエルだ。

だが多くの人々は、かつて70〜80年代に途上国に復興支援や飢餓撲滅のスローガンとともに、遺伝子組み換え種子が配布され、一時的に収量が上がったものの、その後土壌劣化を始めさまざまな惨事が引き起こされたことを忘れていない。

この期に及んで、またしても人工的に遺伝子を組み換えた種子を、喜んで使う農家ばかりではないだろう。

それをよく理解しているＩＧＩの広報担当は、ちゃんとこう説明している。

「もちろん、ゲノム編集を使うかどうかは、農家に選択肢がありますけどね」

だが本当にそうだろうか。

畑に何を作付けするかについて決めるには、農家に主権がなければならないのだ。

２０２１年11月。

インド出身の歴史学者で、トライコンチネンタル社会調査研究所の、ヴィジャイ・プラシャド博士は、英国グラスゴー市で開催されたＣＯＰ26で議論されたデジタル農業が、テクノロジーを介した新自由主義政策だと批判した。

「アグリビジネス大手やテック企業による農業参入は、種まきから栽培、生産物管理に流通にマーケティングまで、全ての農業プロセスのデジタル支配を狙っている。利益だけ吸い上げ、リスクは全て零細農家と農民たちに押しつけられる、今までと同じビジネスモデルだ。このことに気づかなければ、農家は今度こそ根こそぎ主権を奪われる。

前と違っている箇所はたった一つ、〈気候変動〉という耳触りのいいパッケージだけではないか」

世界にばら撒かれるデジタル農業アプリ

企業に乗っ取られたとして批判された国連食料システムサミットでは、科学技術、投資、イノベーションによる食料増産と、貿易自由化で食料問題を解決するという20世紀のコンセプトが〈デジタル化〉という新しいキーワードと共に、再びテーブルに乗せられた。

それはまさに、種まきと栽培から、食品加工、流通、消費まで支配する少数のアグリビジネスが、ビッグテック企業と提携して作り出す、デジタル化した新たな食の支配構造だ。

例えば、モンサント社（現バイエル社）が２０１３年に買収した、衛星画像とデジタル技術を使った農業の生産・経営管理サービスを手がけるクライメート・コーポレーション社（以下、ＣＣ社）を見てみよう。

これは、スマホのアプリを通して、どの時期にどの種子をまき、農薬や化学肥料を畑のどの箇所にいつ散布すればいいかまで、遠隔指示を出すサービスだ。

全ての過程はアプリを通してリアルタイムで監視され、ネットショッピングのように、農業資材や農耕器具、金融サービスや販売サイトに至るまで、モンサント社の製品が然るべき時期に画面上に表示されるので、全く無駄がない。

このネットワークに一度組み込まれると、もはや地域の直売所や卸売市場は不要になるだろう。なぜなら全て多国籍企業傘下のプラットフォーム上で完結するからだ。

モンサントにとって最大のメリットは、無料で収集できる、種まきから収穫までの全データだ。

現バイエルは今や農民に提供するアプリだけでなく、農機具大手のディア社や、農業機器製造・販売大手のＡＧＣＯ社など、今まで別々に活動していた他企業や地域とも、デジタルで縦横自在に相互連結している。

こうすることで、区画ごとの収量分析や土壌の肥沃度管理、各地の気象データ確認などを同一プラットフォーム上で実施でき、その分多くのユーザーが利用するので、ますますデータの精度が上がる。こうして、小売も流通経路も販売先も一貫して手中に収めることができるという好循環になるのだ。

同社はすでにこのアプリを、アメリカ、ブラジル、カナダ、ヨーロッパ、アルゼンチン等で展開し、合計２４００万ヘクタール分の農地情報を手に入れている。

ライバルのシンジェンタやマイクロソフト、ヤラやアップルやグーグルやＢＡＳＦなど、多国籍アグリビジネス企業群も、今や皆こぞって、独自のアプリやプラットフォームを開発し、先を争って、食システムのデジタル垂直統合に尽力している真っ最中だ。

例えばAppleは、Apple Watchの画面上で、水位、水温、湿度などの計測データの一覧表、田んぼの状態や気候、害虫発生予測までリアルタイムで把握できる水田管理型農業アプリ開発を進めている。

自然農スーパー大手のホールフーズを傘下に入れたアマゾンも、農業専用ＥＣや農地購入など、囲い込みに余念がない。

どこかで見た構造だと思わないだろうか？

私たちがデジタル技術に関して警戒すべきことがあるとしたら、問うべきことは、どれほど便利になるのか？　ではなく、そのデジタルツールを束ねているのが一体誰なのか？ということだ。

今までグローバル化によって作られてきた、ローカルを潰して画一化し、一握りの人々がコントロールする、あの構造と似ていないだろうか？

目先の利便性と引き換えに、何百万もの小規模農家が、中央で管理された巨大なデジタルネットワークの傘下に統合されてゆくこの新しい食システムは、植民地的な性質を持っている。

企業に集められた農業データが、本人も知らないところで値札をつけて転売され、ドローンやセンサーで管理・制御されたデジタル農業で、種から消費までを支配するシステムが確立されれば、畑や牧場はコンビニのように無人化され、農民は追い出され、やがて誰もいない畑が増えてゆくだろう。

このリスクを私たちが見過ごせば、地方の多様性や共同体、小規模農家の主権は失われ、せっかく勢いがついてきた「ローカリゼーション」の潮流を、逆行させてしまう。

多国籍企業群による、国連食料システムサミットの乗っ取りは、その序章だったのだ。

デジタル化の先に続く社会の明暗を分けるものについて、筆者が2022年2月に台湾のデジタル担当大臣オードリー・タンと議論した際の結論はこうだ。

「決して、権力を集中させないこと」

台湾では、デジタル化を独占でなく民主化のツールに使うべく、透明性や参加型というスタイルを貫いている。技術は使う側の意図によって結果が変化するため、目的の根底にあるのがピラミッド型の独占なのか、多様性を尊ぶ地域主体のローカリゼーションなのかによって、未来は大きく変わるからだ。

デジタル化された種から食卓までの食料生産データを、決して、少数の企業に独占させてはならない。

それは今後、私たちが食の主権を奪われないために、不可欠な資産だからだ。

炭素クレジットが農家のデータを吸い上げる

20世紀の近代農業が、収穫量をあげるために農薬と化学肥料を大量に投入し、肥沃な土地や牧草地や森林を切り開き、少ない品種の単一栽培を進めた結果、土壌の循環機能は破壊され、大量の炭素が大気に放出され、水は汚染され、収量は下がっていった。

その旗振り役のアグリビジネス業界が、近年テクノロジーを駆使して土壌の炭素吸収回復プロジェクトを積極的に進めるその先には、一体どんな風景が待っているのだろう？

「炭素クレジット農業は、今あらゆる意味でとても有望な投資商品ですよ」

そう言うのは、ニューヨークの投資銀行に勤めるサミュエル・リードだ。

「市場では隔離された炭素1トンにつき20ドル（約３０００円）の値段がついています。農家は土壌に隔離した分の炭素をクレジットとして売ることで、副収入を得ることができる上に、脱炭素農法を実施して環境保護に貢献できる。

大体は、雨風から土を守る被覆作物の輪作（順番に別の作物を植えること）か、農薬量や畑を耕す回数を減らすためにグリホサート系除草剤を使うかのどちらかですね。他にも木を植えたり、肥料の散布を効率化する場合もありますが。

企業は自社の事業で排出する炭素を購入したクレジットで相殺できる。

今世界中でこれをやる企業がどんどん増えている理由がわかるでしょう？　まさにこれ以上ない、ウィン－ウィンの商品なんです」

今や大人気のこのプログラムのほとんどは、グローバルアグリビジネス大手によって運営されている。

申し込みは簡単だ。

農家は企業のホームページから「炭素クレジットプログラム」に参加申請し、5年から10年、最大25年の契約を結ぶ。そして企業側から指定された、炭素を減らすための農法を実施し、農作業の詳細な記録をオンラインで提出するために、専用アプリに登録しなければならない。

企業は、衛星やドローン、飛行機などで農場を監視し、ちゃんと指示通りになされているかどうかチェックする。

そうやって土壌に貯留された炭素の量が算出され、国際炭素クレジット価格に基づいた料金から25％の災害保険料と企業がとる手数料25％、合計50％を差し引いた残額が、農家に報酬として支払われる仕組みだ。

農家がアプリを通して企業側に差し出すのは、プログラム実施中の報告書だけでなく、農場に関する過去の情報も含まれる。

アグリビジネス大手にとって、自社の炭素排出権よりも企業イメージよりも大きなリターンは、アプリを通して回収される、各地の農場の詳細データだ。

デジタルデータは1ヶ所に大量に集めるほどに精度が上がる。

世界各地で数多くの企業がこのプログラムを運営する中、中小企業の運営するアプリを、アグリビジネス大手が次々に買い占めていることは、決して偶然ではないのだ。

モンサントの〈デジタル農業計画〉

モンサントにとって、前述の２０１３年のＣＣ社の買収は序章にすぎなかった。

アマゾンが、仮想空間で小売と流通を手中に収めてトップの座に君臨したように、今後急速にスマート化が進む農業分野のあらゆるデータを、どこよりも早くモンサントのプラットフォームが手に入れるのだ。

この分野は、ＣＣ社を買収した時点で、２０２０年までに40億ドル（約６０００億円）を突破すると予測されていた。

世界の潮流として農業に大きく関わる、脱炭素市場も追い風になる。

次の一手でモンサントは、土壌マップ作成のための技術を持つベリス・テクノロジーズ社と業務提携し、土壌の栄養分検出センサーメーカーのスープラ・センサー社を買収した。

すでに述べたように、さらに農機メーカー最大手のディア社や、農業関連機械製造・販売大手のＡＧＣＯ社とも相互にデータを連携させる契約を結ぶ。

こうして気象データから衛星画像、農家が手入力した農場データに土壌データ、モンサントによるそれらの分析結果など、国境を越えて全世界から情報を集める「デジタル農業プラットフォーム構築プロジェクト」が始まった。

日本で農水省が推進するような、スマート農業関連のロボットやＡＩを使った各種農業サービスは、今や各国の企業が競って開発を進めている。

そしてそれら全てを囲い込もうと、モンサント（現バイエル）など巨大アグリビジネス企業群の間では、熾烈な争いが繰り広げられているのだ。

化学肥料大手のヤラ社もまた、ＩＢＭと提携したプラットフォームの構築を進めている。

そこでは農業に関するあらゆるデジタルサービスが提供され、世界中の農家には瞬時に生産管理のアドバイスが届く。サービスごとの利用料に加えてヤラ社には気象データと土壌状況、収穫量などのデータが蓄積されてゆく。

目標は世界の耕作可能地全体の７％を、ヤラ社のプラットフォームが押さえることだ。

技術進化の速さに法規制が追いつかず、まだほとんど無法地帯に近いデジタル空間では、スピードがものをいう。

次々に登場する新しいサービスと、顧客である農家をつなぐプラットフォームがまだ少ない今、先に両方を囲い込んだものが勝者になるからだ。

中国で農村デジタル化計画を支援するアリババは養豚・果樹・流通をＡＩで管理する「クラウド農業大脳」を進めている。

インドの哲学者であり種子を守る運動のリーダーである前出のヴァンダナ・シヴァ博士は、デジタル農業とアグリビジネス大手によるプラットフォーム独占が、農家の主権を奪い、土地とのつながりを断たせ、農村共同体を破壊する危険性に警鐘を鳴らす。

「農家を監視し、農業データを収集し、それを再パッケージ化した商品として販売するデジタル農業は、今世界が目指している本来の持続可能な農業とは真逆の方向を向いています。

アグリビジネスが仕掛ける新手のカルテルに組み入れられてはなりません」

ビル・ゲイツの財団がデジタルグリーン社を通してインド政府に提供したデジタル農業プロジェクトは、インドの農家と畑にカメラとセンサーと5Gの基地局を設置した。

農民に無料で配布されたアプリ搭載済みスマートフォンを通して、彼らの農場で作付けされる全ての作物情報やそこで使われてきた農法の詳細、先住民の伝統的知識に至るまで、全てはデジタルデータに変換されてゲイツ財団に回収される。

シヴァ博士はアグリビジネスやグローバル企業によるデジタル農業は、ロボット化により無人になる畑から現地の小規模農家を追い出し、農村共同体の横のつながりを分断し、民営化を進めることで、種から消費まで全てをデジタルプラットフォームに入れて独占するものだとして批判する。

「これはつまり、デジタル版緑の革命なのです」

40年代から60年代にかけて行われた途上国の食料増産プロジェクト〈緑の革命〉は、第二次大戦で巨額の利益を上げた火薬の原料〈窒素〉の次なる市場を生み出す、食のマネーゲームの先駆けだった。

途上国をターゲットに世界銀行が貸し付けた多額の開発援助金が、途上国側が購入する農薬や化学肥料の代金としてグローバル企業に流れ込む。

一時的に収量は上がるものの、大量の水と、農薬・化学肥料漬けになるため、共同体はバラバラになり、農村が衰退、文化や伝統が破壊され、農村の根幹である多様性が失われていったのだ。

シヴァ博士の懸念する〈デジタル版緑の革命〉は、いま、ゲイツ財団のような民間以外の方向からも、インドの農村と農民たちの日常に、確実に合法的に、近づきつつあった。

１億人の農民が激怒して民営化を阻止

２０２０年９月。

インドで以下の３項目からなる「新農業法」が施行され、モディ政権の農業改革の幕が切って落とされた。

①農民の農産物貿易および商取引促進法

民間企業と農民は、地域公営市場を通さずに、州を越えた農作物の直接売買が許可される。

②価格保証および農業サービスに関する農民保護協定

バイヤーと農民との直接契約のための法的ルールの提供。

③必須商品改正法

１９５５年以来、何百万人もの小規模農民を保護していた政府の最低支援価格を撤廃。高額での販売が可能に。

その大半が小規模で貧しいインドの農民たちはこれまで、政府が設定した最低支援価格と、公営市場の存在によって守られていた。

だがこの新法が成立すれば、地域ごとの公営卸売市場〈マンディ〉での売買が義務付けられていた農作物が、食品メーカーやスーパー、民間企業と直接取引できるようになる。

やり方は簡単だ。

農民たちは「Kisan Network」のデジタルアプリをダウンロードして自分の個人情報を登録し、農作物の写真と説明データをアップロードするだけで良い。

２０１４年にモディ首相が立ち上げた、自国デジタル化計画「デジタル・インディア」は、農民たちに新テクノロジーを提供していた。

種まき時期から栽培、管理まで指示してくれる農業アプリ「Kisan Suvidha」だ。

デジタル管理が生産性をあげるとアピールしながら首相は農民たちに利用を呼びかけ、ダウンロード数は５００万回を突破した。

今、世界の農業投資の10分の1がインドに集中する理由が見えるだろうか。人口14億人の6割が農村に住み、8割以上が零細農家である農業大国は、アグリビジネスとデジタル業界にとって、喉《のど》から手が出るほど欲しい次なる巨大市場なのだ。

インド国内の隅々までアプリを行き渡らせ、全ての農民にユーザー登録をさせれば、新規顧客約８億人へのアクセスが手に入る。
デジタル化の新市場としてあらゆる可能性が眠る国、それがインドだった。
だが貧しい農民たちは、この法案が誰のためのものかを感じ取っていた。

怒れるインドの農民たち（2020年12月、デリー）

この民営化法によって、大企業と直接価格交渉することになり、貧しい地域は裕福な地域と競争させられてしまう。

政府が称える〈競争原理〉は、条件がある程度平等なら機能するだろう。

だが一体、識字率が低く、85%が2ヘクタール以下の農地しか持たない貧しい農民たちのどこに、大企業と価格交渉する力があるというのか？

緑の革命以降の近代農法によって、借金漬けになり自殺に追い込まれる農家が、１９９５年から２０１５年の20年間で30万人に上ったインドで、政府が進める新自由主義路線は農民たちの逆鱗《げきりん》に触れた。激怒した彼らは、首都デリーに向かって行進を始め、その人数はわずか2ヶ月で1億人に膨れ上がってゆく。

各地で警察との衝突が起こり始め、年末までに数百人の死傷者を出した。

農民たちにとって幸いだったのは、インドの民主主義がまだかろうじて機能していたことだろう。たとえ文字の読めない貧しい農民だとしても、億単位の有権者の存在を、時の政権は無視できない。

何よりも、反対デモの急先鋒である国内最大の農業組合は、モディ政権の大票田だった。

デモ開始から1年後の2021年11月19日。

モディ首相は、「新農業法」の撤廃を表明した。

インドのデカン・ヘラルド紙に寄稿したヴァンダナ・シヴァ博士は、この法律が解体しようとしたものは、何世紀もの間インドに受け継がれてきた、生物多様性を基盤とした農村の伝統や、ささやかだが自立した循環型の生活手段を持つ小規模農家、地域経済の中で生活を営んできた労働者や小規模事業者、そして何よりも、インド人の「食の主権」だったと痛烈に批判した。

それは農業人口の8割を小規模農家が占めるインドで、「大規模」「効率」「生産性」が優先され、一握りの巨大企業が支配するグローバルシステムへの、草の根からのアンチテーゼだった。98年以降タネが外資に開放され、経済がすっかり変えられてしまったインド。企業の独占する種子の支配が入ってきたことで農業生物多様性がモノカルチャーに変えられる中、それでも他の生き物や資源の保全、多様性を尊ぶ伝統は、農村を中心に残っていたのだ。

20年以上続く新自由主義が、国外からの投資が集まるデジタルテクノロジーという新技術を通して同国に再び迫りつつある今、インドは今後、どちらの道に進むのか。

そして、同じように多様性を尊ぶ伝統を持ちながら、テクノロジーを使う際の軸をどちらに置くかの選択を迫られている国が、私たちの国日本だった。

第6章　日本の食の未来を切り拓け——型破りな猛者たち

加速する有機給食革命

日本政府が２０５０年までに有機の農業面積を今の50倍に増やす「みどりの食料システム戦略」を打ち出した時、現場の反応は賛否両論だった。

ようやく世界の潮流に沿って、我が国も有機の方向に舵を切ったかという期待の声と、現実的な施策に乏しく絵に描いた餅に終わるのではという冷ややかな声だ。

現場を無視して政府がいきなり農薬と化学肥料の使用を禁止したせいで、収量が激減した農家への補償が追いつかず経済破綻につながった、昨今のスリランカの悲劇も記憶に新しい。９割が慣行農法のここ日本で、移行の仕方を誤れば同じ轍を踏むリスクは高いだろう。

世界の有機食品市場が急成長する中、日本の消費量はまだまだ少ないのが現状だ。有機は高いという消費者と、継続的な買い手の確保が難しい生産者の間で、なかなか広がらずにいる。

だが、そんな壁を突破する鍵が出てきた。

子どもたちの学校給食だ。

２０２２年10月26日。

東京中野区にあるなかのＺＥＲＯ大ホールは、平日午後にも関わらず大勢の人で賑わっていた。１０００人超のホールを満席にし、国会議員や自治体議員、文科省に農水省、農協関係者に生産者、フランスや韓国からの海外ゲストも迎え、宮崎県綾町、愛媛県今治市、千葉県木更津市、新潟県佐渡市の取り組みが紹介され、サテライト会場61ヶ所とオンラインを含めて当日約４０００人が参加した、このイベントの名は「全国オーガニック給食フォーラム」だ。

筆者も実行委員として参加していたが、子どもたちを安心安全な食べ物で育てたいという思いから、ひたすら声を上げ、地道に動き続けた母親や市民の運動が、横につながり大きく花開いた熱気があふれていたことを今もよく覚えている。

壇上にずらりと並んだ50人を超える全国の市町村長たちの表情はどれも、有機給食を通した循環型食システムに取り組み、自分の地元を守ろうとする意欲に輝いていた。

実行委員長は、２０１７年に日本で初めて１００％有機米の学校給食を実現した千葉県いすみ市の太田洋市長だ。

いすみ市では子どもたちが地元産の有機米「いすみっこ」を完食し、毎日全国から問い合わせが殺到しているという。子どもたちのいのちと健康、そしてこの国の農業の未来を照らす有機給食を、都市と農村の両方で進めてゆくことが日本を救うと訴えた。

かつて野生では絶滅したコウノトリを、生物多様性を重視した政策によって野生復帰させた兵庫県豊岡市に憧れて、循環型農業への方向転換を決意した太田市長。

農家票を失う覚悟をしてでも実現したいというその願いを、先頭に立って支えたのは、農業未経験でありながら、〝できない理由よりまず行動だ〟と現場を回り、猛烈に勉強を重ねた農林課主査の鮫田晋氏だった。

当時、いすみ市内の無農薬栽培の取り組みは、伸び放題の雑草のせいで農作業が難航、壁にぶつかっていた。

いくら環境に優しくても、多大な労力がかかる農業に、誰が喜んで参加するだろう？

鮫田主査は何とかしてこの壁を破ろうと、白羽の矢を立てたある人物を他県から呼び寄せる。そしていすみ市内の農家に、3年間指導に来てもらう契約を結んだ結果、一度田植えをした後は全く田んぼに入らずに済む衝撃の技術が伝承され、除草の苦労は不可避だという従来の米作りの常識が、一気に覆されたのだった。

その画期的な有機農法の伝道師とは、栃木県の〈民間稲作研究所〉の、今は亡き稲葉光國所長だった。

「農薬・肥料・草取り不要！」伝説の有機農業の伝道師

稲葉光國氏は、栃木県の真岡農業高校の教師をしながら、農薬も化学肥料も除草剤も使わない米作りを実現するための技術を科学的に研究し、自ら実践を重ねてきた。

１９９７年に立ち上げた民間稲作研究所は、自然の生態系を生かし、それでいて経済効率も良い米作りのノウハウを提供する機関だ。

「米作りとは、一言でいうとどんなお仕事でしょうか？」

という私の質問に、稲葉氏はいたずらっぽい表情でこう答えた。

「大の大人が、田んぼの真ん中で号泣する、と思われている仕事ですよ」

雑草を抜く作業があまりにも辛いことが、皆が途中で米作りをやめてしまう原因だという。私自身、中学生の時、クラス全員で1週間合宿した先の農家で、鎌を片手に何時間も、慣れない草刈りをさせられた時のことを思い出した。

もやしっ子の私は一日で泣きそうになったが、農業を始めたらあれをしょっちゅうやらなければならない、というマイナスイメージは今も残っている。

民間稲作研究所の稲葉光國氏

「除草との闘い、その連続ですか？」

「ええ。だから一般の人には、薬を使わない有機農業は辛いものというイメージがあるでしょう？　草取りは大事だけど大変だ、というような」

　確かに、少し前に取材した、京都郊外で有機野菜を作っている男性もこう表現していた。

「雑草取りは最もしんどくて、でも最高に尊い日々の作業なんです」

　時には一日10時間以上雑草取りをすることもあるが、足腰の痛みやそうした手間も、環境に優しい農業をしているからこその苦労だという。目の前の草に感謝の言葉をかけながら、機械や薬を使わずに、心を込めて一本一本手作業で抜いてゆくのだと。

　それを聞いた稲葉氏は、穏やかな笑みを浮かべて言った。

「確かに、そういう哲学を持って、有機や無農薬をやっておられる方々もいるでしょう。

でも日本の稲作文化を持続可能なものにするには、誰もが簡単にできて、負担が最小限のやり方でなくてはなりません。

ただ農薬と化学肥料を使わないというだけでなく、生態系を壊さないけれどできるだけ楽で、作業は短時間で完了し、コストが安く、それでいてしっかり収量が上がる技術。

これがあって初めて、農薬や肥料に頼らない、〈本当の稲作〉を、日本全体に広げることができる。

技術の力で、世界に誇る循環型の稲作と、それを作る生産者の誇りを取り戻すこと、それが私の目標なんです」

雑草対策には、手作業の他に、除草剤、草刈り機、生えないように畑を覆う黒い防草シートなど、さまざまな手段がある。

でもどれも、稲葉氏のいう、楽で時短で低コストでしっかりイネが育つというイメージは湧きにくい。

「いえいえ、どんどん生えてくる草を取り除こうと闘ったら、もういい大人でも疲労困憊してしまいます。そんな風に力む必要はないんです。

ここにいる皆の力を借りて、抑草すればいいんです」

「皆の力？」

「はい、ここにいる皆さんの」

稲葉氏はそう言って、足元の田んぼを指さした。

視線を落とした先にある澄んだ水の中をじっと覗きこむと、小さなカエルやクモ、タニシなど、さまざまな生き物が動きまわっているのが見える。

稲葉氏は生態系を丹念に観察し、そこにいる生き物たちや太陽の力を借り、田んぼに張る水の高さを調節することで、雑草の発生を自然に抑える農法をあみ出したという。

「除草剤を使うと、土壌や生き物が死んでしまうんです。だから、薬を使わずに雑草を抑える方法をずっと探し続けてきました」

農業高校で課外授業をしていた時、田んぼの真ん中で白いお腹を見せて死んでいるカエルを見て胸を痛めた稲葉氏は、田んぼの中に棲む動物や植物が作る生態系を、一生懸命観察するようになった。

カエル一匹、草一本、それぞれが皆、違う生き方を持っている様子を見ながら、稲葉氏は心の中でこう確信したという。

「ここに棲んでいる、生き物たちをみな殺しにするやり方は、駄目だ」

その頃、『農業自得』『日本農書全集』等を現代語訳していた稲葉氏は、まだ農薬のなかった江戸時代の米作りに使われた「疎植」と呼ばれる栽培法に目を留めた。

それは人間が色々手を加えるのではなく、イネが自然に育とうとする力を信じて委《ゆだ》ねるという考え方に基づいている。

できるだけ自然に近い状態で、風が通り光がたっぷり当たるように、株と株との間を大きく空けて植えてゆくのだ。

１９８０年、青森、宮城、岩手を中心とする東北地方が、冷害による大凶作に見舞われた時、成苗を２本ずつ植えた畑は、被害を受けなかったという記録が残っている。

それを見た時、稲葉氏の中に「これだ！」と確信が降りてきたという。

農業の機械化が進んだことで、すでに小さな苗を植えることが主流になっていた当時の日本で、稲葉氏は、成苗を２本ずつ植えられるようデザインした播種《はしゅ》機（タネを蒔く機械）を自ら製作する。

そして、学校で農業を教える合間を縫って全国を回り、〈２本植え稲作理論〉の技術指導を始めたのだった。

その後さらに改良を重ね、２本は１本になり、さらに一度田植えをしたらその後ずっと田んぼに入らなくても雑草も病害虫被害も出さない手法を編み出した。米、麦、大豆の輪作に、東日本大震災の後はナタネも追加し、地道に研究と実践を重ねた結果、ついに〈誰でもどこでもできる、農薬と化学肥料を使わない稲作技術〉が完成する。

この技術こそが、兵庫県豊岡市の「コウノトリと共生する水田自然再生事業」、そしていすみ市の１００％有機米給食計画を、成功に導いたのだった。

２０１４年。

民間稲作研究所の稲葉氏といすみ市の指導員、地元農協とが連携し、３年間にわたる〈水稲有機栽培〉の実証実験がスタート。〈稲葉式稲作技術〉のおかげでそこからはとんとん拍子に収量も上がり、ついに日本初の〈１００％有機米学校給食〉が実現する。

彼らがここで出会ったことは、いすみ市という一自治体だけでなく、そこをモデルとする日本全体の食と農の未来にとっての、ギアチェンジだった。

学校給食では、有機米と慣行米の差額が保護者や生産者の負担にならないよう、そこは市の予算で埋めることにした。

この補助こそが、とても大きな意味を持っている。

単に有機米を重視するだけでは慣行農家は反発し、生産者同士の対立を生んでしまうからだ。

だが行政が価格差を補助することで、生産者は経済的なプレッシャーやどちらが正しいかという争いから自由になり、環境や子どもたちの健康、地域への貢献など、価格以外の付加価値を判断材料に、自らの意思で選べる。いすみ市の英断を給食費に換算すると、慣行米との価格差は、生徒一人あたり毎月169円だ。

日本の生産者は、半世紀もの間、年々増える輸入品との価格競争に追い立てられてきた。169円という数字の後ろに、この間失われ続けてきたものの存在が、見えるだろうか。

目先の損得だけでなく、そこに住む人々と共同体が、森や川が、水田が、100年先も幸福な姿をイメージし、全力を尽くすこと。

〈公益〉という言葉の価値を、行政の長やその職員がどれだけ理解しているかによって、未来は大きく変わるのだ。

この時の英断が、のちにいすみ市の名を、わずか3年で日本初の〈100%有機米学校給食〉を実現させた自治体として、全国にとどろかせる事になった。

今では米だけでなく学校給食の野菜の2割に有機が使われ、環境に配慮した有機米「いすみっこ」もブランド効果をあげている。サーファー出身の日に焼けた肌と情熱的な口調で語る鮫田主査は、今やあちこちから講演の依頼で引っ張りだこだという。

「食の予防原則」のトップランナーになった愛媛県今治市

いすみ市が、「難しい・儲からない・高い」という有機農業の３大マイナスイメージを、一気に覆す快挙を成し遂げた理由の一つは、生産者と学校を、行政が財政支援によってつないだことだった。

従来のように、不特定多数の消費者に大量に売るのではなく、〈生産・流通・消費〉の３つを全て地域内で循環させるこのやり方は、日本全国共通モデルになる。

実はいすみ市が、この循環型地域振興政策を設計するにあたり、まるでバイブルのように隅々まで参考にしたという、ある優れた自治体があった。

日本の〈有機農業推進協議会〉の発祥地であり、80年代から地産地消給食を実施している、愛媛県今治《いまばり》市だ。

きっかけは１９８１年に遡る。

加工食品や冷凍食品が中心の大型給食センターで作る給食を、安全な地元産の食材を使って学校の調理室で作る自校方式に切り替えてほしい。そう願って署名を集めた保護者たちの声が、それを公約に掲げた新人の岡島一夫候補を市長選で当選させた。翌年5月、岡島市長の元に地元農協から、「子どもや孫に美味しくて安全な食べ物を食べさせたいから給食に地元産野菜と有機食材を入れてほしい」という要望が届く。

有機給食を楽しむ今治市の子どもたち

　市長がこれにゴーサインを出すと同時に、市の学校給食を担当していた繁信順一学校給食課長の、粘り強い交渉の日々が始まった。

　一部でも有機にすると難色を示す地元の青果事業協同組合、形も大きさも不揃いで虫食いだらけの有機野菜に眉を顰《ひそ》める栄養士たち、「有機はそういうものだ」と譲らない生産者、それぞれの立場の人と辛抱強く交渉を重ね、実際に有機の畑や調理場を見学してもらい、徐々に譲歩を引き出して最後には着地点に辿り着かせるという地道な努力が実を結び、1983年には今治市内の一部で、学校給食への有機食材導入が始まったのだった。

　それから6年後、今治市議会は、地産地消・食育・有機農業推進を柱にした「食と農のまちづくり条例」を成立させた。この時「遺伝子組み換え作物の給食使用」も禁止され、今治市は遺伝子組み換え輸入大国日本における「予防原則」のトップランナーとなる。

　繁信課長は、有機給食の開始から15年後の今治市長選に出馬し見事当選、今度は自らが自治体のトップとなり、さらなる〈食と農の循環型システム〉構築へと尽力してゆく。

　まちづくり条例があれば、巨大な資金力と最新テクノロジー、バイオ技術を持つ外資の巨大企業がやって来ようとも、食べるものは自分たちの手で作り、選び、経済を回し、誰もがそれぞれの役割を通して地域に貢献しながら、全体を循環させてゆける。

　食の主権を手放さぬルールを自分たちで作ってしまうことが、最もハードルが低くて実現性も高いからだ。

アメリカに潰された〈国産小麦〉を取り戻せ

　世界的食料危機に直面しているにも関わらず、日本では自給率が１００％に近いはずの主食を作る米農家の数が、年々減っている上に、主要穀物の大豆も小麦も、9割を輸入に頼っている。

その背景にあるのは、戦後ずっと不平等な関係を続けてきたアメリカの存在だ。

例えば１９５０年代に、増産しすぎて売れなくなった米国産の輸出用穀物を代金後払いで押しつけられ、国内で宣伝させられた上に、毎年18万５０００トンの小麦を4年連続で学校給食用に使用させられた〈ＰＬ４８０法〉に基づく余剰農産物協定もその一つだ。

米国政府は、家族の食材選びに決定権を持つ〈主婦〉と、食の嗜好に大きな影響力を持つ〈学校給食〉をターゲットに、調理器具のついた移動式ミニバンに全国2万ヶ所を回らせて小麦と大豆を使った欧米式料理の作り方を披露。全国２００ヶ所で製パン技術の講習会が開かれ、ここから生まれた約1万人のパン職人の存在を、テレビ、ラジオ、新聞が、新しい時代の象徴のように取り上げるという徹底した宣伝活動が展開された。

それまで日本人の食卓に並んでいた、味噌汁や漬物や魚の干物の代わりに、パンに合う肉や乳製品がセットのイメージで宣伝され、国産米が余る70年代まで、日本の給食では米国産小麦のパンが主食の座を占めていたのだった。

〈食を支配するものは人民を支配する〉というヘンリー・キッシンジャー元米国務長官の言葉通り、口から入りこむアメリカの支配戦略は見事成功し、今では大豆と小麦、トウモロコシの９割は、米国産が独占するようになった。

主要穀物の国内自給率はわずか１割となり、完全に胃袋を摑まれてしまった。

日米関係はまるで『ドラえもん』のジャイアンとのび太のようなもの、今さらどう足掻《あが》いても、日本人はここから抜けられない。アメリカとの関係を議論するとき、私たち日本人の多くは、そんな諦めの言葉を口にする。


だが、今治市の繁信市長は、職員に向かってこう言った。

「米はよし、次はパンだ」

１９９９年、当時、今治市ではパンに使える小麦の生産量はゼロだったが、市長の掛け声で九州から種麦を手に入れ、市の試験場で栽培を開始する。

２００１年、今治市生まれの小麦で作ったパンが初めて給食メニューに加えられ、２００９年になると、ほとんどが輸入小麦だった給食パンの６割を、今治産小麦で作ったパンに置きかえることに成功した。

それは長い間、ＰＬ４８０法に基づく協定に苦しめられてきた日本の小麦が、ついに反旗を翻し、アメリカ小麦からその座を奪い返した瞬間だった。

今治市の元職員である安井孝氏は、著書『地産地消と学校給食』の中で、この時のことを、「日本の麦作復権の一助」と表現している。

それまで、海の向こうのアメリカにいる生産者に流れていた、市民の貴重な給食費が、ようやく今治市内の小麦生産者に届くようになったこと。たとえその規模は小さくても、地域の中で経済を循環させることは、環境負荷を最小限に抑え、そこに住む生産者の誇りや子どもたちの健康に貢献するのだと。

国家間のパワーゲームの結果、政治の歪みを押しつけられた市井《しせい》の人々は、ずっと黙って耐えてきた。

今治市が教えてくれたのは、力に訴えるのではなく、どこにも犠牲を強いることもなく、草の根の声と行政の連帯によって、共同体のあるべき姿を静かに示すことで、その関係に変化を起こせることだ。

行政には2つの選択肢がある。

異なる意見を排除し、トップダウンでスピーディに運営するか。

時間をかけても地域の中の多様な声を活かし合う道を探り、全員を当事者とした街づくりをするのか。

後者を選んだ今治市では、有機給食という当初の改革以降、年々増える有機飲食店や有機食品加工工場、グリーンツーリズム、市営の体験型有機菜園など次々に取り組みを広げている。それはまさに、食と農を〈経済性〉という物差しで測り、効率と利益のみを追求してきた〈今だけ金だけ自分だけ〉の地方農政と対極にある食の主権に他ならない。

地方分権一括法を知っていますか？

世界全体に新しい食システムの構築が求められる中、グローバル資本主義の続きのまま、大規模化・効率化、権力が1ヶ所に集中するモノカルチャーの再来を防ぎ、食の主権を守るために、私たちが知っておかなければならないこととは何だろう？

全国オーガニック給食フォーラムの仕掛け人である山田正彦氏は、元農水大臣と弁護士という立場から、ほとんど知られていない、だが極めて重要な法律について、日本全国各地で講演し、こう呼びかけている。

「明治以来中央集権国家だった日本で、各都道府県と市町村は、ずっと国の指揮命令監督下に置かれていました。でも『地方分権一括法』という、地方自治法の大改正があったことを、皆さんは知っていますか？」

地方分権一括法（法律１０５号）。

２０１１年4月に、憲法上の地方分権に沿って行われた、とても大きな法改正だ。

だが大手新聞もテレビも事実上黙殺しており、ほとんどの国民は、この改正があったことも、その中身も知らないでいる。

「各省庁も、この法改正について隠しているんです」

山田氏は、そう訴える。

「でも中には、ちゃんと知っていて、これを活用している自治体もあるんです。

例えば新型コロナウィルスのパンデミックの対策について、国は市町村にどんどん通知を出して、市町村は素直に従っていましたね？　でも日本で唯一、国の通知と違うことをした自治体があったんです。どこだと思います？　和歌山県です。あそこは独自のコロナ対策をやって成功を収めた。

和歌山県知事は、『私たちは地方分権一括法を忘れているのではないか？』と改めて問いかけ、県の若い職員さんたちは『厚労省の通知が良いか悪いかは私たちが判断します』とはっきり言った。

わかりますか皆さん？　これが地方分権なのです」

山田氏は、私たち国民の主要農作物である米・麦・大豆の種子を都道府県の責任で開発し、農家に安く提供する「主要農作物種子法」が廃止された後、全国を回って、海外資本から地域の品種を守るために種子の主権を維持する重要性と、この地方分権一括法について啓蒙した。その結果、２０２２年11月現在、47都道府県中31道県が、独自の「種子条例」を導入している。

「法令に反しない限り何でも条例で定めることができるんです。それは、住民税を払っている私たちの権利なんです」

80歳の山田氏は、市民が自治を守るための方法を、できるだけわかりやすい言葉で広く伝えるために、今日も精力的に発信を続けている。

「国は守ってくれませんよ。私たちが自分で、自分たちの健康と命を守らなきゃいけないんです。それが、条例でできる。私たちが本気で頑張れば、地方から、地方自治体からの行動で私たちの権利を守ることができるんです」

ゴミなんかない、宝の山だ——土壌再生の炭革命

有機農業でも慣行栽培でも、全ての基本は「土」だという気づきが世界に広がり始める

中、いざ行動に移そうとする人の前に立ちはだかる壁があった。

化学肥料で弱ってしまった土壌を蘇らせるのに、時間がかかりすぎるのだ。

少なくとも3年かかる、などと言われると、その時点で有機農業を始めることを断念してしまう人は少なくない。

だが、そんな通説を覆す知恵の一つが、日本人に馴染みの深いところにあった。

２０２０年の夏、有限会社ベンチャーバイザーの社長藤岡賢士氏（２０２１年に逝去）の紹介で、千葉県千葉市にあるその田んぼを見た時、最初に目に飛び込んできたのは、びっしりと生えた草の、眩《まぶ》しいほど鮮やかな緑色だった。

近寄ってみると、太く、長く、見るからに強そうな草たちだ。

両隣の畑を見ると、元気のない茶色の草が、まばらに生えている。聞けば某大手メーカーのトマト畑だと言う。

何でこんなに違うのか？

「秘密はこれです」

そう言って藤岡氏が見せてくれたのは、黒い炭の塊だ。

高温で焼いた高機能炭だという。

「これをメッシュの袋に入れて田んぼの四隅に埋めるんです。すると土壌微生物が高速で活性化して再生され、薬剤で死滅した土の中の微生物が戻って、土壌の機能が蘇る。お金もかからないし、あっという間に作物が生き生きしてきますよ」

飲料水やお風呂に入れると水がまろやかになる、程度にしか知らなかった炭だが、実は劣化した土を蘇らせる作用があると知って驚いた。

藤岡氏によると、表面に目に見えない無数の穴が開いている炭は、微生物たちにとって居心地の良い〈通気性・透水性・排気性〉の三拍子が揃った、豪華な部屋がたくさんある五つ星ホテルと同じだという。

炭素だから分解されることもなく、安心して暮らせるこの部屋の中で、微生物は元気いっぱいに活動しだし、植物と微生物たちとの共生関係が活性化し始める。

酸性の土が多い日本では、雨が降るとカルシウムやカリウムなどのミネラルが土中に流れ出してしまうのだが、アルカリ性である炭でこれが中和され、植物の根に共生する放線菌が増殖して、育ちやすい環境になるのだ。

「劣化した土壌の再生は、普通は3年くらいかかるのでは？」

「高機能炭を使うと、そんなに時間はかかりません、半年くらいですね」

何を燃やして炭にするのかと聞くと、これもまた想定外の回答だった。

「木だけとは限りません、何でもいいです。紙でもプラスチックでも……」

「プラスチック？　有害ガスは出ないんですか？」

「専用の炉に入れて、これ以上燃やせないレベルまで高温で熱して炭化させるので、悪いガスは一切出ないんです」

「よく見かける、備長炭《びんちょうたん》や竹炭とは違うんですか？」

「焼くときの温度が違うんです。よく焼いてできるだけ炭素質の割合を増やすこと。炭化が不十分で炭の中に有機物が残ったままだと、それらを土の中の微生物が分解して炭の中に隙間ができてしまうのでうまく効果が出ないからです。

極限まで炭化させた無機の炭を、細かく砕いて密度を高めるのはそのためです」

このすごい装置を開発したのは、岐阜県八百津町にある、ＣＹＣ株式会社だ。

無機の炭を作れるだけでなく、廃プラスチック、電池やビニール、建築廃材、リチウム電池、生ゴミ、汚泥、レアメタル、タイヤ、ゴムローラー、フレコンバッグなど、完全無酸素の状態で外から熱分解するため、燃やしてもダイオキシンなどの有害ガスが発生せず、炭の中にも残らない。だから無農薬の畑にも、安心して撒ける。ゴミなど出ない。土に還り、循環の輪に戻るのだ。

この炭化装置は全国１３９社で活用されており（２０２２年8月時点）、オマーンやフィリピン、インドネシアなどでも導入されている。

「プラスチック袋の有料化を、やるやらないで騒いでますが」と藤岡氏は笑った。

「全て循環させるという前提で見たら、ゴミなんか存在しない。こういう装置がある日本では、むしろ宝の山ですよ」

そう、私たち人間は、自分の都合で使ったものを、用事が済んだら「ゴミ」にする。自分とは切り離された、処理すべき「モノ」として忌み嫌う。

けれどもし、全ては一つの生命体であるという前提に立ったならどうだろう。

地球からもらったものは、土に還し、巡らせてゆく。

それを実現するために技術を使うなら、科学は強い味方になるだろう。

テクノロジーは使う側の私たちが見る未来で、１８０度変わるのだ。

「主役は微生物なんです」

２０１５年1月にこの装置を導入し、農薬や化学肥料で機能が落ちた土壌を再生させる循環型再生農業の取り組みを続けているのが、和歌山県印南町《いなみちょう》にある高機能炭和歌山研究所（ビオトープ）の中田稔所長だ。

町役場で働いていた頃から「全てを循環させて土に還す形で土を再生できないか」と問い続け、２０１１年に退職すると本格的に土壌改良研究を始めた。

知人の紹介で知ったＣＹＣ社の炭化装置を思い切って導入し、みかんにアルミ、ヘドロに松ぼっくりと、ありとあらゆるものを炭化する実験を繰り返す。だが灯台下暗し、最後に行き着いたのは、和歌山県人にとって最も身近な、どこにでもある梅のタネだった。

「何十年もの間、梅のタネの処理方法は和歌山でも悩みの種でした。燃やすとシアン化水素という有毒ガスを出すからです。ですがこの炉で燃やしたところ、外からの加熱で有害物質は全て消え、軽くて素晴らしい高機能炭が誕生したのです」

梅の種子で作った高機能炭

シアン化水素が本当に消えたのか、心配だった中田氏は、日本食品分析センターに検体を出して調べてもらった。結果は「検出せず」。軽くて、シャラシャラと音を立てる梅の高機能炭を、落ち葉と一緒に畑に投入したところ、植物の成長が急激に早まったという。

「落ち葉ですか？」

「はい、最近海へ行っても川へ行っても独特の匂いがなくなったでしょう？

針葉樹が植林されるようになって、昔のように落ち葉が落ちなくなったからです。落ち葉の腐葉土は、フミン酸、フルボ酸を出してくれます。

雨が降って、腐葉土の中を通ると、その酸が溶けて土の中の鉄がひっつく。このフルボ酸鉄が川に流れて植物性プランクトンを育てて、それを食べた動物性プランクトンを魚が食べる。海に流れて、ワカメや海藻を育てる。それがまた魚に食べられて蒸発して水蒸気となって山に戻る、というように、本来は循環しているんです。

今は劣化してしまったこのサイクルを補ってやるために、落ち葉を拾ってきて、高機能炭と混ぜて真っ黒の土を作って田畑にまくと、その土地ならではの土着菌が増えるんです」

「その土地の風土に一番ピッタリ合った微生物ですか？」

「そうです。地産地消の食べ物は、この土着菌がないとうまく育ちません。いくら外から高い肥料を入れても、地元の菌には敵わない。炭と米糠《こめぬか》と腐葉土で発酵を起こして微生物の住処《すみか》を作ってやるのも効果的です。こういうのを何年も繰り返すことによって、土は酸素や栄養をたっぷり含んでふわふわの、最高の土として蘇るのです」

農業に大規模化、画一化が馴染まないのは、やはり、この多様性が重要だからなのだ。

中田氏は、梅種子の炭とそれから成る植物成長促進材、梅種子の炭の製造法について、特許を取得した。

「自然界の主役は、微生物なんです。薬剤などを使い続けてきたことで酸性になってしまった土を炭で浄化して、微生物の力で再び土壌と植物を再生させること。

もう、どのみち肥料も農薬もお金を出しても手に入らない状況になってしまった今、日本には選択肢もない。資源循環型社会へ移行する時が来たのではないでしょうか」

微生物の数値化はじめました

高機能炭を入れることで、そこに微生物がたくさん棲み着き始め、土を肥沃にする。

だがそもそも、この目に見えない微生物が土壌にどのくらいいるのかを、どうしたら知ることができるのだろう？

　これを技術の力で可視化したのが、立命館大学生命科学部の久保幹《もとき》教授とそのチームだ。

　それまでの土壌分析は化学的な分析だったが、生物工学の世界にいる久保教授たちにとって、土の健康のバロメーターとは〈微生物〉に他ならない。

　そこで、アンモニアやリン、カリウムといった化学的特性に加えて土壌微生物の量も指標として数値化できる技術〈ＳＯＦＩＸ〉を開発した。土の中から微生物のＤＮＡを抽出し、そこから微生物の量を測定するのだ。

「微生物の量と、窒素とリンの循環活性評価値を出すと、土壌の肥沃度がわかるんです」

　久保教授のところに土を５００グラムほど送れば、その土がどれくらい元気かを計測してくれる。医療現場を参考に作られた、土の健康状態が書かれたカルテを元に分析し、そこに合った堆肥や有機資材を入れて土を回復させる指導をする。現在１９２名がＳＯＦＩＸ診断士として活躍中だ。

　新しく農業を始める人がこれから借りる農地の診断もしてくれる。１グラムの土壌あたり微生物が２億個未満のＣ評価なら３ヶ月から半年で土壌が復活できるので借りてもＯＫ

だが、D以下なら止めるという。

「Dとはどんな土ですか？」

「ミミズを放してすぐに死ぬのがDですね」

この時、有機肥料を使えば土が蘇生するとは限らないため、その肥料の数値も、SOFIXで測ってチェックし、今の土の状態に合った処方箋を書いてくれる。

「有機肥料は高分子化合物で、炭素にくっついている様々なミネラルを土の中の微生物が分解して低分子にすることで、植物が取り込めるようになるのです。でも化学肥料は最初から低分子なので微生物の出番がない。病気を防ぐために農薬をまいて、微生物を殺してしまうのです」

説明を聞きながら、まるで、病院で指導される治療計画ですねと言うと、久保教授はうなずいて言った。

「はい、土の中と腸の中は同じですから。

健康な植物が病気になりにくいのは、根っこにいる微生物が豊富で丈夫だからです。健康な植物を食べている人間は腸内環境も健康ですよ。土と腸はつながっていますからね」

例えば先ほどの、長年薬剤を使っていたせいでミミズを入れるとすぐ死んでしまう土も

Ａ：肉食メイン
一日に三食取らない
年に10回以上風邪を引く

Ｂ：ジャンクフードを好んで食べる
一日に三食取らない
年に10回以上風邪を引く

Ｃ：バランスのとれた食習慣
毎日三食欠かさず食べる
風邪はあまり引かない

Ｄ：バランスのとれた食習慣
毎日三食欠かさず食べる
年に一度も風邪を引かない

被験者	腸内細菌数（平均値）（個 /g）
A（n=6）	13.9 億
B（n=10）	16.2 億
C（n=7）	27.9 億
D（n=7）	34.4 億

ヒトの腸内細菌数（対象者：20 代の大学生 A〜D、2020 年実施調査）

あり、そういう土はかなり回復が難しいという指摘は、かつて腸の不調に悩まされた筆者自身が、いくら栄養価の高いサプリを飲んでも良くならなかったことを思わせる。

どちらも土台にある微生物たちが元気でなければ、たとえ質の高い栄養を入れても、吸収できないのだ。久保教授は面白い比較実験を見せてくれた（上図）。それは、土と同じように、人の腸の中の微生物の数をＳＯＦＩＸで測定した結果だった。

個人差はあるが、食べているものや健康状態によって、腸内細菌数も変わっているのがわかる。

そしてまた、動物の比較では、牛の腸内細菌数がダントツで多かった（左図）。良い餌を食べている牛は、腸内細菌が多い。さらに、放牧されて草を食べている牛は、牛舎で穀物を食べている牛よりも微生物の数が

4倍も多いという。

　第4章で微生物が死滅した土を蘇生させるために、過密状態にした牛をエリアごとに移動させる輪換放牧を紹介したが、牛の胃の中が、湿度が高く微生物が元気になる肥沃な土壌と似た環境であることも重要要素の一つであることを思い出した。

「例えば、いくら質の良いタネを作っても、土が健康でなければうまくいきません。遺伝子組み換え作物（GMO）の種子も土が悪いとダメですから、GMOと除草剤のセットなど論外なのです」

　すでにアジアの国々が、SOFIXに関心を示しているという。

　表土30センチにその土の状態に合った堆肥や有機資材を投与するのがSOFIXのやり方だ。

「中国は、土壌を丸ごと取り替えたいからSOFIXを使って改良した土をまとめて売ってくれと言ってくる。国の上層部に、土壌と国の安全保障が結びついた意識があるのでしょう」

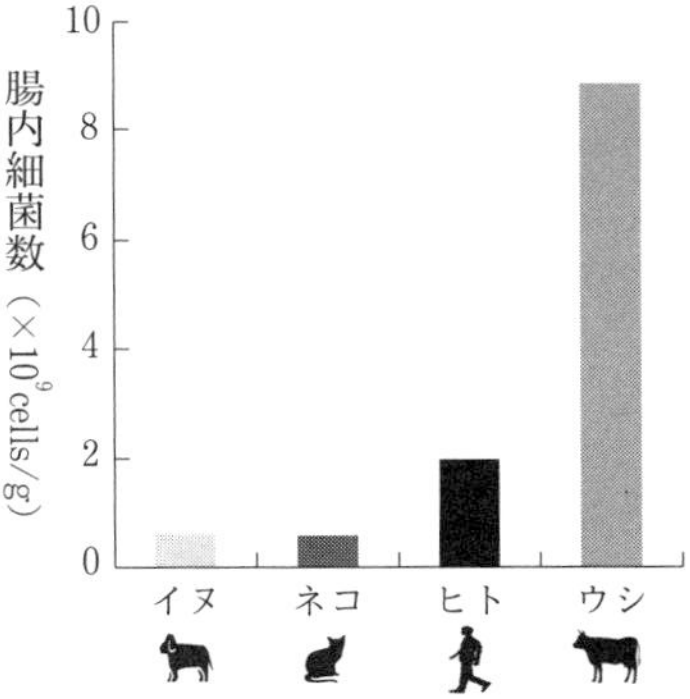

各動物における腸内細菌数

スプーン一杯の土に１００億個いるという微生物の豊かさこそが重要なのだと、国のトップにいる人間たちが気づけるか、そして気づかせるために私たち国民がどう動けるかが、これから先自国の運命を決定づけてゆくのだろう。

「国力」とはすなわち、「地力」なのだ。

土も野菜も子どもたちも、菌で育てば皆元気

「オーガニック野菜イコール無農薬の野菜、ではありません」

そう言うのは、元長崎県職員で非営利法人「大地といのちの会」創立者の吉田俊道氏だ。

「それは植物内生菌が入っている、生命力のある野菜のことなんです。有機野菜は虫食いだらけというのも、本当は違う。植物は自分の身を守るためのフィトケミカルという抗酸化作用のある成分を持っていて、生命力の強い野菜には虫はつきません」

吉田氏は、虫と人間は食べるものが違うということを知って、「神様はなんと完璧に世界を作るんだろう？」と感動し、土壌微生物（菌ちゃん）を増やす活動を始めたという。

「今までは、肥料があったから良かったけれど、パンデミックやウクライナ危機で、もう有機肥料すら手に入らなくなってきたでしょう。だから今こそ、菌ちゃん農法の出番なん

です」

有機農業とは土作りだとよく言われるが、別の場所で堆肥を作ると、微生物が堆肥を食べて発熱するのでそこでエネルギーが使われてしまう。ならば、畑で直接熱を出させれば、土の温度も上がるし、微生物を作る方により多くのエネルギーが使われて一石二鳥だというのが菌ちゃん農法の考え方だ。

キーワードは日本人の誇る〈発酵文化〉だという。

お金はかからない。

普段刈ってしまう雑草や、料理の時に捨てる生ゴミが材料になるからだ。

吉田氏は、青果市場で廃棄される野菜屑などの生ゴミをトラック1台分もらってきて、そこに発酵させるための微生物を混ぜて雑菌が入らないよう密封する（雑草＋菌ちゃんでも良い）。

すると微生物たちが生ゴミや雑草を分解してくれてたくさんの栄養を作りだす。1ヶ月たつと、有用微生物がたっぷり増えた素晴らしい有機肥料の出来上がりだ。

微生物が豊富な土で育った元気な野菜は強いので、虫は寄ってこない。

「新型コロナのような感染症もこれと同じです。弱い人を隔離するのではなく、免疫を上げればいい。

今日本人の腸内細菌の種類が減っているのをご存知ですか？

本来は１０００種類くらいいるはずなのに、抗生物質やら除草剤成分入りのお菓子や加工食品やらを食べているせいで、激減してしまった。

でも、これは、今からでも元に戻せるんですよ」

県の農業改良普及員だった時は、土壌を消毒して歩いていたという。

「臭化メチル剤という毒ガスで菌を殺すことで野菜が育つんですが、３～４年しか続かない。土の中の微生物が死んで土も植物も弱くなるから。

殺菌してもう菌がいないはずなのに、見学者の靴の底にくっついてた菌が原因であっという間に病気になったりと、やればやるほど弱ってゆく。今の農家は消毒殺菌した後で病気になるのを知ってるから、ちゃんと有用堆肥を入れますよ。

でも私たち人間は、感染症防止だといって過剰に消毒した後、菌を入れない。だから今みんな弱って、病気にかかりやすくなってしまった。土にしたのと同じことを、人間にもしているんです」

ならば、私たち人間も、土壌と同じことをすれば、もっと元気になるのではないか。

吉田氏はそう考えた。

生ゴミや雑草でやったように、ミネラルなど微量栄養素を入れて、お腹の中を発酵させるのだ。

「ところが、土の中で起きている腐敗と発酵というのは、どちらも明確な定義がないので論文がないんです。この国では学者が論文を書かないと農水省が動かないので、仕方なく、自分で実践して広げながら成功者を増やして、データを集めることにしたんです」

そこで全国の保育園、幼稚園、小学校などで生ゴミリサイクルで土壌を発酵させる「菌ちゃん野菜作り」を指導し始める。

子どもたちはどこでも大喜びで土作りに夢中になった。

畑作業をしてゆく中で、いつしか〈生ゴミ〉という言葉は〈菌ちゃんの餌〉という名に置きかわってゆく。菌ちゃん野菜作りの噂は広がり、新聞に取り上げられ、吉田氏は、年に百数十回、全国各地を飛び回って講演するようになった。

だが、学校農園の大きさはたかが知れている。せっかく発酵の力で土を蘇生させても、子どもたちが毎日食べられるだけの量はできない。

吉田氏は再び頭を捻《ひね》り、またまた閃《ひらめ》いた。

「では野菜と子どもを、同じように発酵させてみよう」

人間のお腹は約半年で新しい腸内細菌が定着し、1年も経てばアレルギー体質も変わってしまう。

ならば、土の中を微生物だらけにしたのと同じやり方で、子どもたちのお腹の中を元気な菌ちゃんでいっぱいにするのだ。

菌ちゃん野菜作りならぬ、菌ちゃん人間作りが始まった。

最初の実践は２００６年。

長崎県佐世保市の私立保育園マミーだった。

まず、いつもの生ゴミリサイクルで作った菌ちゃん野菜を中心にした給食とし、同時にせっかく高まった免疫や栄養を失わないよう、ミネラルを体外に排出してしまう砂糖の入った甘い飲み物や加工品をメニューから減らしてゆく。

効果はてきめんだった。

たった2年で、平均5日だった子どもたちの年間病欠日数が0・5日と10分の1に激減した。

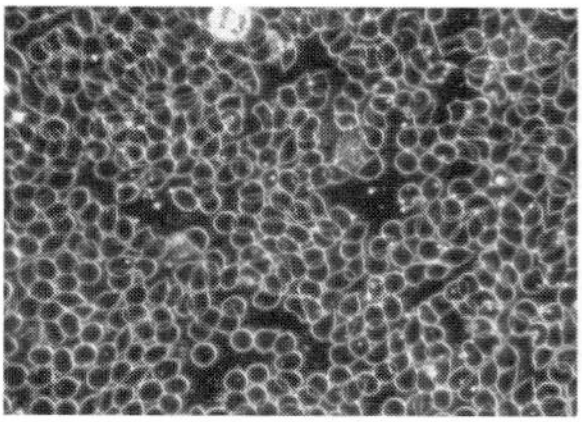

食改善前、赤血球の形も悪く、ドロドロに固まっていた

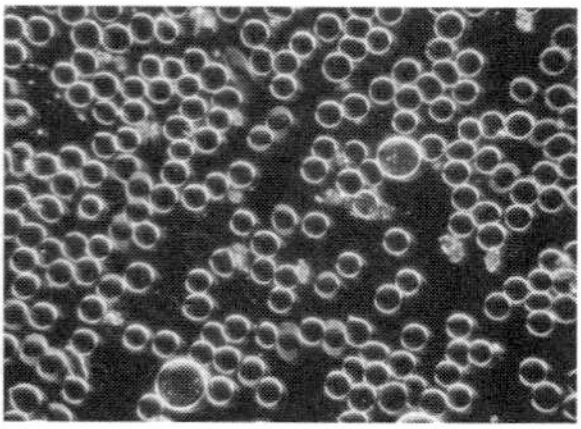

食改善後、赤血球がバラバラになり、形も真ん丸になった

3歳までで腸内の微生物の数は決まってしまう。

マミー保育園はほとんどの園児が1歳から入園するため、菌ちゃん野菜を中心にした生命力の強い給食を食べ、土を触って外で走り回ることで、3歳になる頃には丈夫な身体が完成しているというわけだ。免疫力を表す白血球の数も向上していた。

その後、長崎県佐世保市の聖和女子学院高校の生徒30人にも、お腹の中を良い菌ちゃんでいっぱいにするプロジェクトを実施、こちらは生徒たちに、喉が渇いたらジュースやスポーツ飲料でなく水かお茶を飲むこと、菌ちゃん野菜の入った煮干しで出汁《だし》を取った味噌汁を毎日飲むこと、の2つを実行してもらい、やる前と1ヶ月後の赤血球の状態を比較した。

その結果、実験前はいびつな形でくっつきあっていた赤血球が、見事に綺麗な円形に変わっていた。適度に離れたことで、酸素を運ぶ能力が高まり、生徒たちは運動をした後の疲労があっという間に回復するようになったという。

２０１６年。

吉田氏の講演を聞いた栄養士たちが、土も野菜も子どもも元気にする菌ちゃん計画に感動し、一気にダイナミックな実践に踏み切ったのが、１万３０００人の子どもたちの給食を作る、大阪府豊中市立走井《はしりい》学校給食センターだ。

土の中と子どもたちのお腹を、元気な菌ちゃんでいっぱいにすること。このコンセプトに沿って、それまでは出汁を取ったあと捨てていた煮干しは粉末にして料理に使い、ミネラルの宝庫である皮を捨てていたニンジンや大根は丸ごと調理するなど、ゴミは出なくなっていった。

「１万３０００人の給食を菌ちゃんにしたのはすごいですね」

私がいうと、吉田氏はため息をついた。

「実践は素晴らしい結果を出したんですが、これを続けるのが大変です。学校の場合は校長先生がやろう！　といえば実現するけれど、校長が交代するとせっかくのプログラムが廃止になってしまったりする。

菌ちゃん給食は月１回を１年やるより１ヶ月毎日続ける集中型の方が遥かに効果が出る

んです。発酵食品とミネラルを給食に1ヶ月入れたら、子どもは激変します。そこを校長先生はじめ学校関係者にどうやって理解してもらうかが、課題」

中野の全国オーガニック給食フォーラムに参加した大勢の人々の顔が一瞬浮かんで消えた。

保護者たちがこのことを知り、束になって声をあげれば動かせるのではないか。

高まってきた尊いうねりを、価値ある知恵と繋げてゆくことで、さらに未来の可能性が大きく広がってゆく、そんな希望が胸を満たしてゆく。

気候変動を解決する鍵である「食と農」に世界が取り組み出した今、日本は最先端のリーダーになれる国なのだと吉田氏はいう。

「高温多湿で難しい環境の中、日本の有機農業や自然農法は、類稀《たぐいまれ》なる知恵でいくつもの優れた技術を創り出してきたんです。発酵食品にしても、1日でできるヨーグルトより、寒くて快適じゃない環境で必死に発酵した味噌や醤油の微生物の方が生命力がある。

日本の長期発酵食品の力はすごいですよ。氏より育ちっていうでしょう？　日本は今こそ、この発酵文化で世界を引っ張っていく存在。私たち大人が胸を張って、子どもたちに手渡してゆきましょう」

自然栽培のシャリで大成功した回転寿司店

２０２２年５月。

帝国データバンクは、２０２１年度の日本国内の回転寿司市場が、２０１１年度の４６３６億円から１・６倍拡大し、７４００億円を超える見込みであることを発表した。中心になっているのはくら寿司やスシローなどの大手チェーンだ。

７割が倒産するという回転寿司業界に、シャリを通して日本の土壌を変えている寿司屋がある。

岡山県倉敷市に本社を持つ、日本最古参の回転寿司チェーン「すし遊館」だ。「すきやばし次郎」の小野二郎氏によると、寿司の美味しさを決めるのは、ネタが４割、シャリ６割だという。

ならば鮮度が命のネタよりも、原価が変わらぬシャリの方を工夫しよう。

創業者で自身も４代目米農家である、髙橋啓一会長はそう考えた。

大きな転機になったのは、青森県弘前市の自然栽培リンゴ農家、「奇跡のリンゴ」の開発者として国内外で名を知られる、木村秋則氏との出会いだった。

〈自然栽培〉とは、空気や土壌の中で栄養素をやり取りする微生物と植物の共生関係を始め、完璧にバランスの取れた循環する生態系の力を借りて作物を育てる農法だ。

優れた事業家の特徴は、これだ！　と感じた時の決断が速いことだ。

木村氏の奇跡のリンゴの美味しさに感動し、ＮＨＫの番組で見た木村氏の人柄と利他精神の素晴らしさに、髙橋会長は心底惚れ込んでしまった。

誇るべき日本の伝統文化である稲作は、機械化による巨額の設備投資の負担と歪んだ農政による低価格で虫の息だ。

かつてカルビーの故・松尾雅彦相談役に「２割は現物、残りは付加価値のあるものを作りなさい」という指導を受けてから、ずっと付加価値の高い米を作りたいと願っていた髙橋会長の中で、天啓が閃いた瞬間だった。

「この自然栽培米で作ったシャリを、すし遊館のお客様にも是非食べてもらいたい」

そうと決めたら即行動だ。

早速周りの仲間に声をかけ、２０１０年には、自らが理事長となる、日本初の木村式米作り団体「岡山県木村式自然栽培実行委員会」を立ち上げる。

数ヶ月後には木村氏本人を岡山に招き、そこで共感した生産者たちが岡山で始めた木村式自然栽培は年々拡大、13年目になる今では、100軒を超える農家が4000俵の米を作るようになった。

栽培されている米は、大正時代の日本で生まれた在来種である「朝日米」だ。親の「旭」は「東の亀ノ尾、西の旭」と言われる美味しい米の代表格の一つで、コシヒカリやササニシキを筆頭に、日本のほとんどの米は、この2つの在来種を親にして品種改良されているという。

岡山の朝日米は、人工交配する前の純粋な在来種だ。

「冷めても風味が落ちないから、寿司のシャリにピッタリなんです」

有機栽培との違いを尋ねると、髙橋会長はこう言った。

「化学肥料も有機肥料も、使うと作物が栄養過多になり、余分に生成されたタンパク質やアミノ酸に集まってくる虫を殺すのに、今度は農薬が必要になる。自然栽培は一切の肥料を使わないので虫はこないんです。

余計なことをしないせいか、シンプルでネタの味の邪魔をせず、バランスがいい。お客様からもよく、『すし遊館のシャリは、何貫食べても飽きが来ない』と言われます」

「肥料を使わない自然栽培は、うまく育たなかったケースもあると聞きますが、最初からうまくいきましたか？」

「最初は大きくならず焦りました。6月10日に田植えをして8月が来ても大きくならなくてね。慌てて木村さんの本を読んだら、根が張るまで50日かかるからそれまで待たなきゃいけないと書いてあって、ああそうか、とびっくりしました。辛抱が必要なんですね」

　これはよく聞く話だった。

　自然栽培を始めたものの、慣行栽培から急に無農薬・無肥料に変えたために、3年経ってもまだ十分に収穫できないことがあるという。

　土の中の微生物のバランスが元に戻っていないのだ。そのまま挫折してやめるか、「やはり自然栽培はダメだ」と失望し、農薬を撒いてしまう農家は少なくない。

　だから、土の回復を待てるかどうかが鍵になる。

「あれから13年目ですが、うちの田んぼはこの間虫の被害は一度もありません。クモが食べてくれるから、心配いらないんです。農薬を使うと一番最初にクモが死んでしまいますからね」

「雑草はどうですか？」

大の大人が田んぼの真ん中で号泣する、という民間稲作研究所の稲葉氏の言葉を思い出しながら聞くと、髙橋会長は首を振った。

「良い土を作るためには、草はむしろ生やすことが大事です」

「雑草を取り除くんじゃなく、生やすんですか？」

「昭和天皇がおっしゃった言葉を知っていますか？　〈雑草という草はない〉。草は、どんな肥料よりも土を肥沃にしてくれます。

草の生えた地面は雨が降っても表面の土が流れず、水分を含んだ柔らかい土ができるんですが、こういう土は、芽が出やすくて根っこが張りやすいんです」

知らなかった。雑草としか見ていなかった草に、そんな力があるなんて。

茎や葉っぱが光合成で作った糖類が根っこから分泌され、それを餌にする土壌微生物の働きによって土壌の粒子がしっかり結びつき、水はけの良い、それでいて水分を含んでおける豊かな土ができる。

土が肥沃になるほどに多くの微生物が棲めるので、病気にも強くなるのだ。

草が作る日陰が土の湿度を保ち、葉っぱが太陽を遮る日陰には、いろいろな生き物たちが棲みついてくれ、豊かな生態系を作り出すだろう。

自然栽培には土を作る、という考えがない、という。

人間が土を作るのではなく、限りなく自然の営みによりそい、自然と調和することで、結果的に実りを頂くというのが自然栽培の考え方だ。

「でもカメムシは？　どうするんです？」

花が咲いて受粉が終わると、稲の中にでんぷん液が溜まってゆく。この液が大好物のカメムシが、ちゅっとお米を吸いにきて、吸った箇所が黒い点になってしまうのだ。

この斑点があるとお米の等級が下がってしまうので、殺虫剤を使わない有機や自然栽培農家の悩みの種なのだ。

高橋会長の対策は、田んぼの周りの畔草《あぜくさ》を保つことだという。

そこにカメムシがくっついてくれていれば稲には飛び移ってこないので、全く問題にならないのだ、と。

しかし、同じ寿司業界の仲間に自然栽培の米で作るシャリを勧めても、誰もやろうとしないという。

「農薬・肥料・除草剤を使わずに採算が取れるなど、皆信じないんです。自然栽培の米を使ったからといって、客が増えるわけでもないからでしょうね」

日本国内の回転寿司は平均客単価が約１０００円だが、すし遊館の回転寿司は２６００円だという。

「だから私は、日本一美味しいお寿司を出し続けるんです。

自然栽培は最大の気候変動対策ですが、だからと言って頭でっかちに環境に良い自然栽培米ですというだけでは広がらないし、人は動きません。

それより美味しいものを食べて、ああ幸せだと笑顔になったら、これは何だろう？　と興味が湧きますよね？

こんなに味が良いのに、さらに環境にも良くておまけに儲かるのか！　となる。

自然栽培米の凄さを知ったら、人に話したくなるでしょう？」

髙橋会長のＮＰＯ「岡山県木村式自然栽培実行委員会」は、毎年１０００人の会員が先に会費を払って年間予約注文するシステムなので、生産者側のハードルは低い。

すし遊館の方は、現在岡山県に4店舗、広島県に4店舗、香川県に1店舗、山口県に1店舗と展開を続け、２０２３年はいよいよ東京に進出する予定だという。

２０１１年。

農薬・肥料を使わない木村式自然栽培を実践した、新潟県の佐渡市と石川県の能登半島の２地域が、国連の世界重要農業資産システム（世界農業遺産）に認定された。

目に見えない、土の中や根っこの生物多様性を全力で尊ぶ自然栽培の世界。

そこでは、生きとし生けるもの全てに役割があり、どんな小さないのちも必要とされ、互いが住む共生社会を回してゆく。

世界一のスーパー土壌を持つ日本

近年の有事で農薬や化学肥料が高騰し、入手しづらくなった日本で、それでも大丈夫だと胸を張る人たちがいる。

土壌微生物の多様性を分析する、日本でも有数の土のスペシャリスト、立正大学地球環境科学部環境システム学科の横山和成特任教授もその一人だ。

近代科学農業や工場型畜産によって土の中の生態系や保水能力が破壊され、気候は年々悪化し、もはや持続不可能だという危機感が広がる中、この悪循環を断ち切るための最大の鍵は土壌の肥沃度、そこに棲む微生物の多様性だという。

だが、１グラムの土の中に少なくとも１０００種類、数にして１兆個も棲んでいるという土壌微生物の世界は、まだまだ解明されていないことが多く、謎に包まれている。

そんな中、微生物の有機物分解機能を数値化する技術がアメリカで開発されたことを知った横山教授は、それを用いて土壌微生物の多様性を測定してみた。すると、連作を繰り返した土は、微生物の分解機能は単純化されてほぼ同じ方向を向いていたが、連作障害が起きていない土壌を測定すると、同じパターンの能力を持った微生物はほとんどいない。

横山教授はこの分析結果についてこう解説する。

「農薬や化学肥料を過剰に使い、長期の連作でボロボロになった土の中がどうなっているかというと、40種以上の多様な有機物を分解できる優れた微生物と、5種類以下しか分解できない単調型の微生物で、真っ二つに分かれています。

ちょうど、私たち人間の住む、一握りのスーパーエリートとその他大勢の労働者で二極化した格差社会のように、そこそこ平均的な能力を持つ微生物がいないんです。

健全な社会には中間層がいて、社会全体の構造が綺麗にバランスを取っているでしょう。土も同じなんです」

例えば有機農業を40年以上続けた、環境保全型農業のカリスマである金子美登《よしのり》氏（故人）の畑の土をこの技術で測定したところ、１６８万という驚異的な多様性を示す数値が出たという。

また、27万台だった土におがくずや牛糞、ミミズなどを投入した後に再度測ってみると、１８８万に跳ね上がることがわかった。

ミミズは土や有機物を食べて、その腸の中の微生物と酵素が混ざり、アミノ酸のような栄養と、作物が吸収するリンやカルシウム、マグネシウムを含む、粒状のフンを出しながら進む。ミミズがいる土には植物の成長を助ける微生物が棲みつきやすくなるので、土壌の状態がどんどん改善されてゆく。

「微生物の多様性を支えるということは、私たち人類が持続的に生き続けるために不可欠なのです」

農業現場で生産者たちと会ううちに、横山教授は「知識」というものには4段階あることに気づいたという。１つ目は、情報として知っていること、２つ目はそれを理解していること、３つ目は人に伝え、教えられること、４つ目は自分でそれを実践できること、だ。

「手ぬぐいでほっかむりをした農家のお爺さんが作った土の素晴らしさに感動した時、思ったのです。ああここに、この人が生きてきた歴史の中で培われてきたものがある、と。

我々が敬意を払い、謙虚に受け止めなければならない、『知』というものの存在が、そこには、確かにあるのです」

横山教授は、土壌の生物学的な肥沃度を、この技術で測定した数値から解析する指標システム「ＳＯＩＬ」を立ち上げ、日本中の農家を対象に、数値解析した上で土壌の多様性を上げるための指導を提供し始めた。

そして、驚くべき事実を教えてくれた。

「世界の土壌肥沃度をこの技術で測定し、各地の最高値を比較したところ、例えば近代農業を続けてきたフランスが70万、ニュージーランドが１８８万、アメリカのアグリビジネスによって遺伝子組み換え作物と除草剤のセットを大規模に導入したアルゼンチンは１・3万、そして我が日本は、なんと２１６万を超える数値を叩き出しました」

数万点の土壌サンプルの中で、日本各地に点在するスーパー土壌（超高品質な農産物を持続的に生み出し、病害発生を抑制している土壌）を超える数値を出した土壌はひとつもなかったという。

「もちろん、日本の大規模生産農地や、連作と連続消毒をしたところは、非常に生産性の

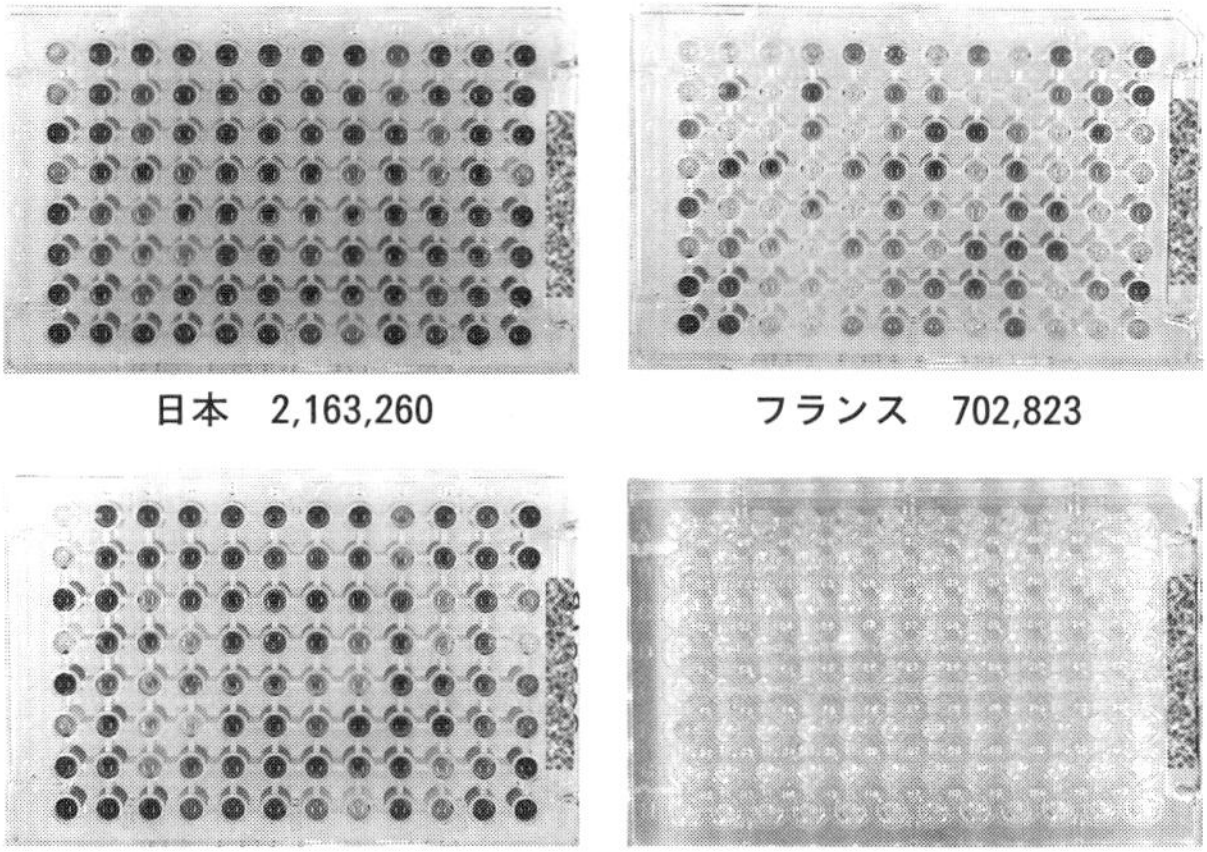

日本　2,163,260　　フランス　702,823

ニュージーランド　1,882,792　　アルゼンチン　13,337

土壌肥沃度の数値比較：日本の農地は世界各地の中でも群を抜いている（DGC Technology Inc.）

低い土壌も多いです。そのような低生産性土壌は、今のような世界的有事によって化学肥料や農薬が手に入らなくなったら、少なくとも数年は生産不能となるでしょう」

だがそれでも、日本国内には、水分と炭素をたっぷり閉じ込め、気候変動の原因を減らし、生態系を活性化する極めて肥沃なスーパー土壌があちこちに残っているのだ。

2015年、横山教授はこの技術を使って日本全国で土壌微生物の多様性を競う「世界土壌微生物オリンピック」の実行委員会副委員長を務め、同年イタリアで開かれたミラノ万博で、「共存する多様性」をテーマにした日本館にて、この研究を発表した。

自然の循環に寄り添って、豊かさを作ってきた人がいる。

それをテクノロジーの力で数値化し、もう一度再生するための道筋をつける人がいる。

「日本の土の多様性は、世界一なのです」

ほとんどの国民は目に留めないだろう、だが決して失ってはならない、かけがえのないこの国の資産が、私たちに見えるだろうか。

第7章　世界はまだまだ養える——次なる食の文明へ

「畑を裸のままにするな」

コーンベルトと呼ばれる、アメリカ中西部の地域を見たことがあるだろうか。

広大な畑に、輸出用の遺伝子組み換えのトウモロコシと大豆が大量に植えられている。２つとも単価が低いのに政府による巨額の補助金で維持されている、アメリカの世界戦略を支える２大輸出作物だ。

だが現場の農家は、この農法がもはや限界に来ていることを実感している。国がじゃぶじゃぶ補助金を出してくれるから作り続けてきたものの、やればやるほど、肝心の土がボロボロになってゆくからだ。

土壌流出が激しく、すでに表土の半分が失われ、大量の地下水を汲み上げるために水源の枯渇も進むところに、年々悪化する気候変動や口蹄疫のような感染症がトドメを刺してくる。いくらお金を積まれても、死滅した土壌微生物は戻ってこない。今後は収穫自体が厳しくなるだろう。

農家の間では、そんな不安が広がっていた。

トウモロコシの生産量が全米１位、大豆は２位のアイオワ州で、土壌の生態機能を壊さず、それでいて利益も下げない、何か新しい方法はないだろうか？

アイオワ州立大学農学部のマット・リイブマン博士は、そんな疑問から、10年以上にわたり研究を重ねてきた。

一般的な農家は、最初の年にトウモロコシを植え、次の年に大豆を植えるという輪作をする。そこでリイブマン博士は、トウモロコシと大豆の間に、アルファルファやレッドクローバーなどの牧草と、オート麦などの小粒穀物を植えることで、輪作の種類を増やし、期間を延長してみた。

その結果、大豆とトウモロコシだけの輪作に比べ、近隣の水資源を汚染する割合は2桁も下がった上に、収量と利益も同等か、むしろ高くなることがわかった。また、間に入れた小粒穀物や牧草を〈カバークロップ（被覆作物）〉として植えることで、冬の間土壌が保護され、肥料の流出を減らし、風や雨から土壌を守るという多くのメリットが得られる。

畑に何もない時には微生物の餌になり、虫や鳥が集まってきて、土をふわふわにしてくれる。ミミズやモグラが顔を出す。土壌有機物を守るので土は干ばつに強くなり、マメ科の植物を使えば、その後に植える作物のために、土の中に窒素をたっぷり供給しておいてくれるので、大量の肥料が不要になり経費も節約できるのだ。

「カバークロップの一番大事な役割は、土を育てて、土の中の生き物たちに一年中ずっと餌を与え続けることなのです」

博士の輪作比較実験は、全米メディアに取り上げられて有名になり、早速アイオワ州でも実践する農家が増え始めた。低コストで誰でもすぐに始められるカバークロップは、急速に広がり始めている。

現在アイオワ州議会は、厳しい予算の中でもなんとかカバークロップを州内の農業で標準化できないかと協議を重ね、連邦政府もコーンベルト全体に導入することを検討中だ。カバークロップ栽培を実施しているのは中小規模の農家が中心だが、自身が営む巨大なトウモロコシと大豆畑の半分でカバークロップ栽培を実施中の、レイ・ガエッサー元全米大豆協会（現全米大豆輸出協会）会長は、州の農務長官と共に同州のトウモロコシ・大豆農地２３００万エーカーの65％にあたる約１５００万エーカーにカバークロップを導入することで、地域経済を活性化し、雇用を増やす構想を進めている。

「農家の数にするとざっと5万軒。これは農家だけでなく、種苗メーカーや機器メーカー、生協にとっても経済的チャンスになります」

アイオワ州立大学農業農村開発センターの試算によると、州内の60％でカバークロップを導入することによって、約２８００人分の雇用が生まれるという。
「土を再生し、生産性と収量をあげ、地域経済を豊かにし、共同体の質をあげる。これこそ行政がやるべきことでしょう」

カバークロップ農法を行っているアイオワ州の農地（晩夏）

同州で持続可能な農業技術を推進する、非営利団体〈アイオワの実践農業者（Practical Farmers of Iowa）〉でカバークロップを担当するディレクターのサラ・カールソンは、この構想には多くの可能性があるという。「カバークロップや、リイブマン博士の提唱する多様な長期輪作をブランド化するんです。トウモロコシや大豆に、〈ローテーション栽培〉印をつけることによって、消費者は環境に配慮し、より栄養価の高い土壌で育てられた作物だと一目でわかりますから」

複数の作物で行う長期の輪作はまた、地域の食料生産に多様性をもたらす効果もある。アメリカ農務省のデータによると、かつてアイオワ州で87万２０００エーカー生産されていたオート麦は、輸出用の遺伝子組み換えトウモロコシと大豆におされてすっかり下火になってしまった。

せっかく巨大なオート麦加工工場があるにも関わらず、そこで加工されているのは、ウクライナやカナダ産の安い輸入オート麦ばかりのため、州内の生産者がオート麦を栽培しても買い手を探せない。

戦後、「米よりパンを食べろ」と大量のアメリカ産小麦を導入されたせいで苦しめられた、日本の国産小麦と似たような状況だ。

だが、カバークロップによる土壌再生が、もう一度チャンスをくれる。

大麦にライ麦、オート麦にライ小麦と、小粒穀物はどれもカバークロップにぴったりだからだ。人間の食べ物にも、家畜の飼料にも使える上に、たくさん栽培することで、モノカルチャーで失われた中西部農業の多様性を再び蘇らせ、ローカル経済の起爆剤にもなる。

新しい時代に吹く風に真っ先に鼻を利《き》かせるのは、いつだって若い世代だ。

すでに何人もの若手農家が、農家のニーズに合わせてデザインする「カスタムカバークロップサービス」を提供するビジネスを立ち上げている。

トランプ政権の農務長官ソニー・パーデューが、ネバダ州にあるカバークロップ畑を視察した際、カメラに向かって掲げて見せた州のオリジナルＴシャツには、カバークロップを推進する、こんなスローガンがプリントされていた。

「Don’t Farm Naked」（畑を裸のままにするな）

再生型農業で蘇る土

２０２０年７月。

米下院政府改革委員会の環境小委員会の席で、民主党のロー・カンナ環境小委員長は、このままでは食料安全保障が危うくなるとして、〈再生型農業〉を行う農家への直接支援をすべきだと提案した。

「このままでは気候変動は、我々の食料安全保障に深刻な脅威をもたらします。今こそ、環境に利益をもたらし、抽出するよりも多くのものを地面に戻す、再生型農業を導入すべきです。政府はこの政策に投資し、再生型農業を実行する農家には直接的な支援をすべきと考えます」

再生型農業とは、前述したカバークロップや輪作をはじめ、化学肥料の大量使用をやめたり、不耕起栽培、放牧などによって、土壌の健康を最優先する農業だ。

国内で単一栽培した遺伝子組み換えトウモロコシと大豆を、日本を含む、世界中の畜産農家に輸出するというアメリカ政府の世界戦略に土壌が耐えられなくなったことが明らかになった今、現場農家の間では、確実に潮目が変わり始めている。

カンナ委員長は、再生型農業は土壌の健康を取り戻し、自然の生態系を回復させ、二酸化炭素排出量を減らし、水を豊かにし、さらに農業の生産性を高める、食と農の危機にある今こそ必要な転換だ、と強調した。

米国内の不耕起栽培の第一人者であるゲイブ・ブラウンも影響を受けたという、「わら一本の革命」を掲げ、生命のつながりや土の健康の重要性を世界中に広めた福岡正信氏なら、〈転換〉ではなく〈回帰〉と言い直すだろう。なぜなら再生型農業とは、今のような一部の巨大グローバル企業の独占で衰退させられる前に、世界中の小規模家族農業によって、人間の数千年という農の歴史の中で受け継がれてきた、土壌ファーストの〈伝統的農法〉に他ならないからだ。土の中に無数の微生物が棲み、その働きによってミネラルなどをたっぷりと含んだ豊かな土が、栄養価の高い作物を育ててくれる。

そういう時代が米国にも確かに存在していた事を改めて訴えたカンナ委員長は、再生型農業を普及させるために、国内の小規模家族農業を支援するための法案を準備していることを公表した。

温暖化の原因になる、亜酸化窒素を地中に閉じ込めてくれるマメ科のカバークロップは、気候変動対策にも有効だ。気候変動対策を主要政策に位置づけ、グリーンニューディールを掲げる民主党のチェリー・ピングリー下院議員からも、カンナ委員長と同時期に同じ路線の「農業レジリエンス法案」が提出された。

土の再生による温暖化ガス抑制効果が強調され、公共種苗の研究開発と活用、カバークロップなど土壌再生農法の推進、牧草を使った循環型畜産への投資、小規模農家への直接支援などが盛りこまれている。

貴方の畑にぴったりの〈カバークロップ〉をオーダーメイドで！

とはいえ、農地は生き物だ。

工場のように同じ機械があれば同じというわけでなく、１００ヶ所あれば、風土や土壌の状態はみな異なり、１００通りのパターンがある。

腸内細菌の状態など、皆環境が違うため、同じ薬を飲んでも効く人と効かない人がいるように、タネもまた、その畑に合ったものを適切なタイミングで投入することで最大効果が出るのだろう。

そこで、その需要に応えるサービスが登場した。

約１２０種類のカバークロップのタネを、畑に合わせてブレンドしてくれる、ネブラスカ州ブレーデン市の土壌ファースト企業、グリーンカバーシード社だ。


一つ一つの植物が土から吸収できる栄養の量は決まっているので、多様なタネを植えるほどに、たくさんの栄養が取れるという。

子どもの頃、親や先生に、野菜にお肉に海藻に穀物と、いろんな品目のおかずを食べた方が健康になると、言われたことはないだろうか？

土の中にいる無数の微生物たちもまた然り。

画一化された一律なものより、ベストメニューは毎日土に触れ、その畑のことを誰よりもよく知る生産者に直接聞くのが一番だ。畑のある場所、その大きさ、今の状態（乾燥している、土が硬い、等）と改善したいこと、次に植える予定の作物の種類などをオンライン上で入力してゆく。するとグリーンカバーシード社がその情報をもとに、１２０種のカバークロップ用種子の中から厳選し、今の自分の畑にぴったり合ったオリジナルブレンドを、全国どこへでも送ってくれるのだ。

同社は、全米50州とカナダのほぼ全域に1万人以上の顧客を持ち、現在までに550万エーカーの土地に種子を供給、自社トラックと独自の流通経路によって、継続的に買ってもらえる安い価格を維持している。土壌の循環メカニズムや再生農業の重要性について、知識がなくても一から簡単に学べる無料の教材やセミナーを定期的に提供し、土壌の保水力と侵食の改善、生物多様性強化と教育を通して、土の蘇生に貢献する活動を続けているのだ。

カバークロップと放牧は相性抜群

再生型農業の一つである〈放牧〉とカバークロップの組み合わせも、土壌再生効果を上げるには相性がいい。草地を歩き回ってカバークロップを食べた家畜は、排泄物を落として炭素を土に戻してくれる。

コロラド州で一般的な畜産業を営んでいたデイブ・ジェイムスは、カバークロップと再生型畜産を始めて人生が変わったという一人だ。

親から受け継いで運営していた畜産業が赤字続きで経営難になったとき、カバークロップに出会い、まず土壌を健康にすることから始めたという。餌となる穀物を育てるための化学肥料や除草剤をやめる代わりに、牛のために栄養価の高い草を育てて再生型放牧に変えたところ、化学肥料と除草剤にかかっていた経費が下がった分、収入が大きく上昇、牛の健康状態と肉質も良くなり、赤字経営から抜け出せたという。

もう前のように、肉質を上げ量を増やそうと、牛に穀物を与えるのをやめにした。草食動物である牛に無理に穀物を食べさせるより、栄養豊富な草を育てる方が、よほど経済効率がいいことが分かったからだ。

デイブの草は生き生きと力強く色鮮やかで、近隣の農家が喜んで買いに来るようになった。副収入も順調なデイブは、土壌ファーストの再生型畜産で多くの気づきを得たという。

「良い草は良い牛を育て、それを食べた人間も健康になるんです」

「農薬不使用なだけでは、ダメなのです」——アルゼンチン

農家の絶望と消費者の不安の両方で、どん底から這い上がりつつある国がある。南米のアルゼンチンだ。

米州有機農業委員会（ＩＣＯＡ）によると、現在世界の認証有機農地の2割はアメリカ大陸（９９０万ヘクタール）にある中で、３００万ヘクタールを占めるアルゼンチンには、中小の家族農家と協同組合を中心に、１０００軒強の有機農家が存在し、その数は急激に増えている。

「ほんの20年前には、有機の市場などなかった。アメリカのアグリビジネス参入によって、どこも輸出用の遺伝子組み換え大豆とトウモロコシ、綿花の3種で埋め尽くされていたのです」

コルドバ州で有機オリーブオイルを生産する、サンニコラス・オリーブ・グローブ・ヴィンヤード社のホルヘ・ピエールステグイは語る。

同社は畑に有害な化学肥料不使用を基本に長期生産計画に取り組んでいるが、認証のための農業アドバイザーで、ラプラタ国立大学大学院農学部のエドワルド・セルダ教授は、〈有機農業〉より一歩進んだ、〈アグロエコロジー〉を目指すよう指導している。

アグロエコロジーとは、生態系と調和した食と農の在り方だ。

ＦＡＯによる定義には、「多様性」「循環型」「回復力」「参加型経済」「共に得た知識の共有」「自然と調和する営み」「高い資源エネルギー効率」「人と社会を尊ぶ」「文化と伝統への敬い」「責任ある統治」という10の要素が含まれる。

2015年にラプラタ大学が行った調査では、市場に出ている野菜や果物の8割から農薬が検出された。

セルダ教授は言った。

「食品だけではありません。土にも水にも大気にも、農薬が入り込んでいるのです」

米国の食料戦略のターゲット地域となったアルゼンチンが、自国の負の歴史を覆すには、慣行栽培か、有機農法かという、単なる方法論では足りないのだ。

「農薬不使用というだけではダメなのです。我々が実施するアグロエコロジー認証は、たとえ有機栽培であっても、例えば、生産者に過度な費用負担がかかっていないかどうかまでチェックします」

90年代に1ヘクタールあたり100ドル（約1万5000円）だった小麦の生産コストは、2015年には収量が2倍程度なのにコストだけ4倍に跳ね上がっている。遺伝子組み換え作物用の除草剤に耐性をつけた雑草が繁殖したため、薬の方を倍に増やさねばならなかったからだ。

セルダ教授らのアグロエコロジー認証における〈有害物質フリー〉の適用範囲は、畑だけでなく、社会的、経済的影響にまで及ぶ。

・弱い立場の労働者が搾取されていないこと。

・賃金が性別で差別されていないこと。

・児童労働をさせられていないこと。

　これらの毒をなくした、バランスの良い循環型社会こそが、土と人間の健康にも、作物にも、地球全体にも良いことだという理念なのだ。

「化学肥料や除草剤を使う人々は、もっと速く、もっと大きく、もっとたくさんのものを欲しがります。それを実現するために、昔からある地元商店の代わりに登場した巨大スーパーマーケットで、私たちは土に戻して循環させられないプラスチックの袋を押しつけられるようになりました。

　支配者が数社の企業に集中している構造の下で作られたものは認証されません。食の危機は、今の歪んだシステムそのものを変えなければ、決して解決しないからです」

「そこまで汚染された土を再生させるのは、相当大変ではありませんか？」

　その問いに対するセルダ教授の答えは、前向きだった。

「ええ、大変です。この20年で生産量が２０００万ヘクタールまで増えた遺伝子組み換え

パタゴニアの草原で佇む牛たち

大豆の畑には、毎年2億リットルの除草剤が散布され、微生物が死滅したアルゼンチンの土壌は深刻な危機にさらされています。でも私は悲観していません。なぜならこの国は、もともと循環型の食料生産にぴったりな条件を持っているからです」

世界的な作曲家アストル・ピアソラの「ブエノスアイレスの四季」にあるように、アルゼンチンには確かに、多様な気候と豊かな四季がある。

国土は日本の7倍と広いが人口は4割と少ないため、パタゴニアの草原にチャコの亜熱帯の平原、アタカマのプナ砂漠など、大自然の宝庫と呼ばれる、手つかずの生物多様性が大量に存在しているのだ。国連の報告書「有機青果物の世界市場レポート」でも、アルゼンチンは「慣行生産から有機生産への転換が簡単にできる地域」とされている。

「害虫も少ないし、国民がその気になりさえすれば、国全体を１００％有機農業にできる条件が、揃っているのです。そして、消費者の意識は、確実に変わってきていますよ」

もう一つの静かな革命〈アグロエコロジー〉

２００６年、前述したゲイツ財団率いるＡＧＲＡプロジェクトがアフリカで開始されたというニュースが華やかに報道されていたその陰で、エセックス大学の環境・社会学者ジュールズ・プレティ博士の研究班が、ひっそりとある発表を行っていた。

遺伝子組み換え技術と化学肥料を使うＡＧＲＡ計画とは真逆の〈アグロエコロジー〉に基づく再生農法によって、土地の生産性を平均８割上昇させたという、驚きの成功報告だ。

プレティ博士たちは、世界57ヶ国２８６地域の農場１２６万ヶ所（合計３７００万ヘクタール）での実践を比較研究し、その生産性が決して近代農法に劣らないことを証明した。

化学薬品を使わず、自然な生態系に沿ったこの農法で、土壌微生物が炭素を土中に固定する力が回復し、温室効果ガスも抑制される。

機械化された大規模農法と違い、人の手を必要とするため、地域での雇用を生み出し、人とのつながりを育て、コミュニティの生活向上にも貢献することが明らかにされた。

それらは今までのように、農業というものを、単に〈経済性〉だけで判断していては決して見えてこない、農がもたらす多面的機能の数々だ。

２０１３年。

ＦＡＯは２億人の農民が所属する世界最大の農民運動団体ビア・カンペシーナと提携し、〈アグロエコロジー推進〉を決定、２０１４年を〈国際家族農業年〉と定め、小規模家族農家を尊重してゆく方針を固めた。

農村に戻ってきた若者たち――西アフリカ

アグロエコロジーや有機農法は環境に良いものの、今各国では、食べて行けないからと若者が村を出てしまい、後継者がいない、経済的に苦しい、などの理由で農業を続けることを断念するケースが問題になっている。

だが、農という営みで生計を立てているこの世界で、それは単なる生活手段ではないはずだ。

何代も続く家族のルーツや受け継がれてきた文化や伝統がある土地への思い入れや愛情があるからこそ、平気で奪おうとする外国人や企業に対し、全力で抵抗する。

地球温暖化を理由に、家畜を処分し土地を売却せよと政府に言われ、激怒して抵抗するオランダやイタリアの農民たちの姿を見れば、そのことがよくわかるだろう。

西アフリカのブルキナファソ中央高原北部では、雨不足に地下水の水位低下、穀物収量の減少、異常気象に貧困という五重苦で、若者を中心に国外に出ていってしまうことが深刻な問題になっていた。

そこで村民たちは非営利組織の助けを借りて、土壌回復と水の保全計画を作成した。皆で連帯して土壌微生物の蘇生と植林、堆肥作りなどの実践を重ねてゆく。

その結果、ソルガムとキビの収量が倍増し、地下水の水位は上昇、家畜管理が大規模から中規模に縮小され、牧草地の循環が再生された。

農村部の貧困が大きく改善され、循環型地域経済の中で生活が安定し始めると、若者が故郷に戻ってくるようになったのだった。

若者が農村を捨てて都市部に移住するのは、果たして農村が不便で、都市部が快適だからだろうか？

大資本が土地を買い占めて大規模化し、農民が脇へ追いやられ、土壌機能や生態系が無視され、一握りの権力者たちが目先の利益の最大化だけを優先するビジネスモデルこそが、土や水や森を破壊し、農村が持つ貴い多面的構造を、バラバラにし、若者から将来を奪っているのだ。

〈協同組合〉が権力を分散させる

アグロエコロジーの最大の特徴の一つである〈権力の分散〉は、そんな歪んだ20世紀の産業構造を打ち破り、新たな未来への道筋をつける突破口になる。

それぞれの地域共同体の中で食べ物を育てながら、企業の指示に従うのではなく、地域ごとに違う土や水の蘇生法、自然との共生の仕方を自分たちで学びながら実践し、そこに関わる全ての人の尊厳を守りながら、一人一人の能力や知識を高めてゆくからだ。

もう一つ、大規模型近代農法との大きな違いは、アグロエコロジーには画一化されたマニュアルがないことだろう。

隣り合った畑であっても、そこにいる生き物や土壌微生物の状態が違うように、それぞれの地域事情も千差万別、だからこそ地域住民一人一人が当事者として参加することが、権力の集中を防ぐのだ。

種子や農薬や化学肥料を企業から買わなくなった農民たちは、地域内で自家採取した種を交換し合い、雑草対策や害虫駆除、堆肥作りなど、日々の中で自然と対話しながら発見し、経験し、工夫して編み出したやり方をお互いに共有しながら、共同体の結束を強めてゆく。

ブルキナファソのように、この連帯が発展し、生産だけでなく加工や流通、市場への出し方や販売までも、今まで全て企業が決めていたことを、〈協同組合〉を立ち上げて、自分たちで開拓し始めた地域は少なくない。選挙で代表を選び一人一票で政策を決めてゆく〈協同組合〉は、自分の声が地元社会を変えてゆく実感を与え、地方から政治参加意識を育てる力になる。そこで彼らは経済的な分け前を求めるだけでなく、地元経済そのものに貢献する立場になるのだ。

権力と決定権を共有して初めて、持続可能な地域の発展が実現する。

その２つを政府と大企業に集中させていった第二次大戦後のアメリカで、権力の集中が起こりえない〈協同組合〉が、ほとんどの経済学の教科書から姿を消した理由が見えるだろうか。

若者の都市部への流出の原因の一つである、学校や診療所などの不足問題も、住民たちに当事者意識が芽生え、地方自治が機能し公共投資を少しずつ増やしてゆくことで、確実に変わってゆくだろう。

今やアグロエコロジーを実践する農民人口は、アフリカを含む世界中で800万人を突破した。土壌の蘇生や水質改善、多様な生き物たちの復活に加えて、地方自治の活性化に住民の栄養状態の改善、農村の男女平等の促進に、協同組合の発展、そして自然災害時の復興の早さなど、多面的な効果が次々に明らかになっている。

日本でも70年代に「有機農業」を提唱した一楽照雄氏の思想の根底には「協同組合」の思想があった。生産者と消費者が提携して共同体を創りあげるのだ。

アグロエコロジーとは、農法を化学肥料や農薬から、自然堆肥に変えるだけの、単なる方法論では、決してない。権力を分散させ、多様性が維持される環境で皆が参加しながら未来を作ってゆく、民主化された食と農のシステムなのだ。

安全な給食と小規模農家はコインの表と裏——ブラジル

2015年6月にブラジルで開催されたアグロエコロジー地域会議の席で、パトラス・アナニアス農業開発大臣は世界に向かってこう呼びかけた。

「国連は『国際土壌年』を創設したが、各国はこれを真剣に議論し、未来をしっかりと見つめなければならない。私たちは、どんな世界を次世代のために残したいのか？　食の安全、食の質、そして、より良い暮らしの質を守ること、全ては〈土壌の健康〉あってこそであるという事実は、いったい、いつになったら認められるのだろう？」

この前年、アナニアス大臣の国ブラジルは、労働党のルラ大統領（任２００３～10年）が始めた「貧困と飢餓撲滅キャンペーン」が成功し、国連飢餓マップを卒業するという快挙を遂げている。

大成功の鍵は、政策の柱に置かれた〈小規模家族農家〉と〈学校給食〉だ。

ブラジルでは食料の7割が家族農家によって生産されている。そのことを重視したルラ大統領はこう決意した。

子どもたちには安心安全な食と、自国の食文化を敬う心とを与えたい。

そのためには、食材を作ってくれる農民たちを、かけがえのない大切な存在として国が守るべきだろう。2つの政策は「人権」という同じコインの表と裏なのだから。

単なる法改正でなく、食の主権を軸にブラジルという国が進化するための、強力な社会運動を起こさねばならない。

政府は２００９年に、全ての学校給食での１００％地元食材利用と、地方自治体が国からの予算の3割を、家族農家からの食材購入費に充《あ》てることを義務化する「学校給食法」

を導入する。

農地改革の直後で販売経路も持たず、生活苦からやむなく廃業し、都市部に出て低賃金の日雇い仕事についていた農民たちは、学校が買い上げてくれる保証ができたことで安心し、次々に故郷の農村に戻ってきた。

国内に５５００ある自治体の半数以上で、教育長と地方政府、自治体議員に、保護者の代表などを集めた学校給食委員会が立ち上がり、食材の仕入れ内容から流通ルート、給食メニューに至るまで、さまざまな立場の地域住民が当事者として参加する体制ができた。

政府は各自治体の取り組みをチェックし、年に一回、その年最も素晴らしい給食を実践した自治体を、30候補の中から選んで表彰、良い意味で競争意識が働き、各地が自慢の地元産食材を使って創意工夫するようになっている。

サンパウロ市では２０１３年から給食に有機食材を入れる条例が成立、それによる30％のコスト上昇分は市が負担する。政府統計によると、２００６年から２０１７年の間に有機農地は12倍に拡大、その中心になっているのは貧しい農民たちの団体だ。

今世界でも、有機給食を取り入れる国が急速に増え始めた。

フランス、イタリア、韓国……近代農法の本家本元アメリカでさえも、有機給食に３億ドルの予算をつけることが決定した。日本でも有機給食活動のプラットフォームサイト「オーガニック給食マップ」によると、有機学校給食を実現した市町村は今や１２３に増えている。

それぞれやり方は多様だが、共通しているのは、「学校給食」を通じて、食と農のシステムや、地方自治のあり方そのものを見直していることだ。

ブラジル政府はまた、安心安全な給食と農民主権を維持するために、農村共同体の循環のスタート地点である在来種や伝統種子を始めとする〈ローカル種子〉を公的資産として保護し、生産と活用を支援する「家族農業計画」に力を入れている。

〈在来種〉を手放すな——韓国

多様な土壌微生物や多様な農業生産、地元産有機作物の学校給食に、地域の多様な声を掬《すく》い上げる民主的システム、これらが織りなす〈アグロエコロジー〉にとって、決して欠けてはならない最初の入り口であり最後のピースが、〈在来種のタネ〉だ。

パンデミックやウクライナ紛争による流通停止と、穀物・農業資材の価格高騰によって、世界的に食の安全保障が脅かされる中、各国政府は、農業資源と食料、種子の確保に、かつてないほど躍起になっている。

〈緑の革命〉以降、種子は大量生産と均一化の波にのまれて多様性が激減し、すでにその96%が失われてしまった。

だからこそ、異常気象による凶作の中、同じ品種でも画一化されていない在来種は、国家にとって、何より強いリスクヘッジとなる。

２００８年にノルウェー領スピッツベルゲン島に建てられ、ビル・ゲイツの主導のもとに操業を開始した〈スヴァールバル世界種子貯蔵庫〉は、日本の岡山大学の大麦も含む１００ヶ国以上から集められた１００万種以上の種子が冷凍保存された種子バンクだ。出資の大半はビル&メリンダ・ゲイツ財団の他にバイエルやシンジェンタ、ロックフェラー財団など、バイオテクノロジー大手が占めている。一種類につき５００粒で約5億粒の種が眠っているこの無人施設が現代版〈ノアの箱舟〉と呼ばれている理由が、タネをめぐる争奪戦が激化する今、いよいよ現実味を帯びてきた。

種子の貯蔵に関して、世界第5位の地位を誇っている韓国では、国立農業科学院農業遺伝資源センターが種子バンクとして、国内外の遺伝資源を管理、約５０００種の野生植物から採取された10万の種子を保管している。

80年代に新自由主義が導入され、外国産種子と化学肥料を伴う〈緑の革命〉がやってきた時、韓国の農業もまた近代化されて大規模化され、農民たちは自家採取する代わりに企業から種子を買わなければならなくなった。

だが、〈緑の革命〉の開発者ノーマン・ボーローグ博士の研究室にいた一人の韓国人研究者は、これによってわずか10年で自国の在来種子が激減し土壌が病み、伝統農業が破壊されてゆく様子を見て、大きな危機感を抱いた。

伝統農業研究者である安完植氏だ。

安博士は、有機農業に微生物研究、伝統農法と種子による地域循環型経済の再生を目指す有機農業ＮＰＯ〈フクサリム〉と連携し、２００５年から在来種子の保全活動を始めた。

丈夫で農薬や化学肥料を必要とせず、繁殖させやすく混作にも向く在来種子は、有機農法には不可欠だ。

安博士たちは、国内３万人の会員を持つ韓国女性農民連盟（ＫＷＰＡ）をはじめ、複数の団体と協力しながら、農村を足で歩いて在来種子を集め続けた。

そう、かつて種子を集め保存する役割を担っていたのは、農村の女性たちだった。その役割を奪い、共同体を崩壊させたのは、種子を商品にした多国籍企業だったのだと、２００７年９月の国際種子フォーラムで、ＫＷＰＡは訴えている。

それから５年後、安博士が集めた５６０種の在来種子をもとに、フクサリムは３００種類以上の在来作物の栽培を開始、韓国でも有数の有機認証団体・種子の保存機関に成長した。

その後は食品開発や耕作技術研究なども含め、韓国の食文化と食の主権を取り戻すために、伝統種子復活に尽力している。

だが、種を守ろうとする人々がいる一方で、着々と勢力を拡大しているのが、バイオ企業の特許付きの種子だ。

２０１７年に、モンサント社（現バイエル社）にゲノム編集技術を提供する包括的ライセンス契約を結んだ、韓国のバイオ企業ツールジェン社もその一つだ。

ツールジェン社は２０２０年７月に、自社が開発した〈ゲノム編集オレイン酸大豆〉が、「遺伝子組み換えと同等の規制は不要」として米国農務省より承認された。

これによって、同社は今後、アメリカだけでなく日本でも、このゲノム編集大豆を〈非遺伝子組み換え大豆〉として販売できるようになる。

早速中央アジアで試験栽培を開始、南米や中国でも大規模栽培を広げ始め、大豆に続いて２０２２年９月には、ゲノム編集ジャガイモも〈規制不要〉で承認されるなど、今や飛ぶ鳥を落とす勢いだ。

「インドの農民たちがなぜ20万種もの在来種子を保存してきたかわかりますか？」

前出のヴァンダナ・シヴァ博士は、在来種を維持する重要性をこう語る。

「単に収量や利益の問題ではありません。在来種はその土地に適合しているので丈夫、病気や害虫にも耐性を持っているので、多くの場合高価な農薬や化学肥料を買わなくて済むんです」

何よりも、地域出身のタネは、そこで育つのにぴったりな特性を持っているのだ。

例えば、土がアルカリ性で、通常の米が栽培しにくいタミールナドゥ州でも、カラルパライという在来種ならよく育つ。湖が近い地域では高収量品種の種はすぐに浸水でやられてしまうが、サンバ・モサナムという在来種なら深さ１・５メートルの水浸しになってもびくともしない。

パンデミックや紛争など世界的有事が起こったとしても、その土地のタネを確保し、地域内で循環する食料自給体制を持ってさえいれば安心につながるのだ。

〈食べ物を知る権利〉を取り戻す――日本

タネにはもう一つ大事な役割がある。

２０２１年５月。

日本では前述したサナテックシード社のゲノム編集トマトの種苗の無料配布が始まった。

だが、「遺伝子組み換えでない」という食品表示は、２０２３年以降に実質消滅し、ゲノム編集に至っては、そもそも表示義務なしの種や苗、食品の流通を政府が認めている。

食べ物を作る段階で、遺伝子操作されているものかどうかわからなくなると、もはやその後の流通過程で見分けることは不可能だ。

まだ歴史が浅く、安全性に関する議論は今も続いており、遺伝子操作食品についての不安の声は少なくない。食品表示のない日本で、遺伝子操作食品を食べたくない消費者は一体どうすればいいのだろう？

困り果てた市民たちや、消費者運動をしてきた人々、種や苗を作る農家やそれらを使う側の生産者などが集まって話し合いを重ね、ついに逆転の発想で素晴らしい作戦を編み出した。

「ゲノム編集に表示がないならば、ゲノム編集されていない種苗に全て印をつけてしまえばいい」

　これなら農家や家庭で種を蒔《ま》く段階で選べる上に、そこで育った作物を加工した商品も自動的にゲノム編集ではない証明になる。

　食べるものを選ぶことは、私たちの知る権利とイコールだ。

　以前からアグリビジネス業界の悲願の一つだった食品表示の撤廃に向けては、日米貿易協定やＴＰＰなど、自由貿易ファースト協定を通して、年々圧力が高まっている。

　アグリビジネス業界の意向に沿って、政府がどんどん国民の食の選択基準である表示をなくしてゆくここ日本で、草の根主導で誕生したこの〈ＯＫシードプロジェクト〉は、今後私たち日本人が食の主権を手放さないための、最も重要なツールの一つになるだろう。

　ＯＫシードプロジェクトの印鑰智哉事務局長は、日本の野菜のタネの９割が海外生産であることについて懸念を示す。

　日本にはタネに適した土地は山のようにあるが、支援する政策がないという。

奇妙なことに、日本政府の「みどりの食料システム戦略」は、有機農地を増やすと言いながら、有機のタネについて一言も記載されていないのだ。

印鑰氏は、イタリアや韓国のように、在来種の保全を地方自治体が支援する条例を、日本にも導入することを提案している。

市民が参加する韓国のローカルフード委員会は、優れたモデルになるだろう。岩手県雫石町には、有機認証マーク（有機ＪＡＳ）の代わりに、世界でも少数の国際有機農業運動連盟のガイドラインに沿った有機認証を受けた団体がある。消費者と生産者で作る、独自の認証制度があるのが特徴だ。

行政が安心安全な給食用食材を買い上げて、地域の農家を支え、安全なタネから経済を支える循環型食料安全保障システムを作るべく、川田龍平参議院議員が主導して超党派での成立を目指す〈ローカルフード法〉も着々と準備が進められている。

地域の数だけ、そこに適合する種子がある。

一つ一つの種子に合う環境や、どんな栄養があるかや、成長する際の特徴について、五感を通して得た深い知識を誰よりも持っているのは、他でもない地域の農民たちだ。

彼らは目を、耳を、手を使って種子とふれあい、質の良いものを採取・交換しながら、その地域にとって最も安心安全な作物を育ててゆく。

だが近年、彼らの種取りは、種苗開発者の権利保護を理由に、徐々に制限されるようになった。新技術で作られた遺伝子組み換えやゲノム編集された種子には開発企業の特許がつけられ、農家は使用料金を徴収され、自由な生産活動はできなくなる。

世界の隅々に生息する多様な在来種子と小規模農民は、まさに、アグリビジネスの対極にある多様性の象徴なのだ。

問題は、肉食かベジタリアンかではなく〈循環しているか〉

ＦＡＯによると、世界中で今、植物だけでなく、動物の多様性も急激に失われており、それが畜産業の生産性を下げ、家畜が疫病に対して弱くなり、異常気象の中、生き延びる生命力を奪っているという。

例えばインドでは、多様性が低下した最大の原因は、政府が輸出用穀物と牛肉の生産増量に税制優遇と助成金をつけ、重要政策として力を入れ始めたことだった。

単一栽培の増加で牧草地が減り、畜牛の減少と価格高騰を招いたのだ。

それまでは家畜の糞を燃料や堆肥にしていた貧しい農民たちは、代わりの燃料を別途買わなければならなくなった。例えばアンドラプラデシュ州では、年間18万2400頭の水牛を、もし輸出用の肉にしなければ、国内9万世帯分の燃料を充分生み出せる計算になる。

一頭の牛がもたらすのは食肉や乳、燃料だけではない。排泄物は堆肥になり、角や骨は工芸品に、皮は革製品になり、その分の雇用も生み出すのだ。

輸出用畜産の増大が、農村の暮らしと多様性、環境を破壊していると市民団体が訴えた裁判の帰結は、まさに象徴的だろう。

その時の、裁判官の言葉はこうだ。

「インド市民と動物たちとの関係は、この国の土の上に住む、生きとし生けるもの全てに対し、憐憫の情を持つという、我が国の憲法の基本理念によって作られなければならない。そこでは、動物たちが我々人間たちと調和して、生命の循環の中で生きる権利も保障されているからだ。

その理念に基づくインドは、殺すことを目的に、生きている動物を必要以上に輸出することはできない。インドが世界に輸出できるのは、この憲法の精神、〈世界中のあらゆる生き物への憐憫の情〉というメッセージだけだろう。

それこそが生態系を保全する狼煙《のろし》であり、あらゆる文明にとっての、〈真実の法〉に他ならないからだ」

地球環境の破壊を止めるために、肉食をやめるべきだという声がある。

だが、裁判官のいうように、必要以上の輸出をやめ、工業型大量生産品としてでなく、大いなる循環の中の一部として調和する規模で、いのちを頂くのなら、話は別だ。

牛にしかできないことがある。

全ての命に、生まれてきた理由があるように。

アラン・セイボリー博士は、家畜を飼うのは好みの問題でなく、今日の文明を救うのに必要だという。壊れてしまった土壌再生には、牛たちと大地の絆を再びつなぎ直す必要があるのだと。

同じいのちとして倫理的に扱われる〈聖なる牛〉と、多様性を奪われ、肉と牛乳を生産する〈工業製品〉にされた牛とは、一体何が違うのか。

牛の糞を、大地の肥沃さを再生させる有機肥料として〈ラクシュミー（豊穣の女神）〉と呼び崇拝する文化と、環境を汚す〈廃棄物〉として忌み嫌う文明。

2つの世界を分ける境界線は、生命の尊厳、その循環の輪の前で試される、私たち人間の知性なのだ。

日本に突如現れた「ただの虫」

「ただの虫」を見たことがあるだろうか？

作物を食べてしまう害虫でも、害虫を食べてくれる益虫でもない、名前を持たないただの虫だ。

「虫見《むしみ》板《ばん》」という四角い板をイネの根元につけて、反対側から手でぽんぽんと叩くと、板の上にたくさんの虫がポロポロと落ちてくる。

１９７９年に福岡の筑紫減農薬稲作研究会会員の篠原正昭氏が発明した道具で、日本の減農薬運動になくてはならない、農家の人々が持つ世界観をそれまでと１８０度変えてしまった、すごいアイテムだ。

80年代に福岡市で始まった減農薬運動で、農協が農家に配布したのが始まりだった。

虫見板は、日本の農家に初めての体験をさせた。

それまでも、日々触れていながらその実態を知らなかった、田んぼという小宇宙を見せたのだ。この減農薬運動に福岡県農業改良普及員として関わった宇根豊氏によると、それまで田んぼの害虫対策というのは、行政から農家にトップダウンで指導される技術に過ぎなかった。

だが本来は、一枚一枚の田んぼは、そこにある雑草も、虫の種類も、土の状態も、皆違う。だから、そこで虫を退治するタイミングも、肥料をやる時期も、誰よりもよくわかるのは、その田んぼを毎日見ている農家に他ならない。

行政からの一律の農薬散布指導で失われていた主体性を、小さな虫見板の存在によって、農家は初めて手にしたのだった。

現在入手できる虫見板

虫見板の上で、クモにくわえられたウンカを発見することで、害虫だけでなく益虫の存在にも出会う。そうしているうちに、虫たちの世界にある多様性に気づいた農家の人々と虫たちの関係は、加害者と被害者という二極化したものから、もっと大きな輪の中にいる者同士へと、大きく変わってゆく。

「生物多様性」という言葉ですら、農業技術によって排除されてきたのだと、宇根氏は言う。

近代化が進んでいるかどうか、技術や経営や労働時間あたりの生産性を分析することで優劣をつけてきたのが日本の農学の限界だが、もっと、経済性に関わらず、働く喜びや磨かれてゆく知恵、日々の中深まってゆく、自然に対する眼差しの方を評価すべきではないか、と。

虫見板を使うことによって、害虫でも益虫でもない、名前も知らない大勢の「ただの虫」が現れる。役に立つのか立たないか不明で、「生産性」という物差しでは決して測れない、だが確実に生命の網の目の一つであろう生きものたちだ。

その時初めて、ただ農薬や除草剤を減らすという方法論だった減農薬運動の前に、自然が持つ豊かさの本質に通じる、新たな扉が開いたのだった。

水田という生命体は日本人の精神の礎

生態系に沿った営みを重視するアグロエコロジーの考え方は、生産性向上を物差しに技術や経営を評価する近代的農学が台頭する前の日本人の自然観の中には、ごく当たり前に存在していた。

生きとし生けるもの全てには魂が宿り、山や森にも、川や湖にも、神様がいると思っていること。

コウノトリも赤トンボも、おたまじゃくしもメダカもカエルも、田んぼがなければ生きられないなんて、今どれだけの人が知っているだろう？

自社の回転寿司店で出すシャリの米を自然栽培で生産する前出の髙橋啓一会長が、初めて農薬も肥料も使わない米作りをした際、ちっとも育たず気落ちしていた時に、「50日待つんだ」と本に書いてあってハッとしたというエピソードを思い出す。

沼蛙のおたまじゃくしは、どんなに気温が高くても、30日しなければ蛙になれないという。赤トンボが孵化《ふか》するまでは60日待たなければならない。

生き物が生き物らしく生きてゆくには、それ相応の時間を取らなければならないのに、いつから私たち人間は、時間が短縮できると思い込むようになり、テクノロジーの進化と共に、生き物としての豊かさを失っていったのだろう？

近代化が進むほどに、私たちは待てなくなってゆく。価値あるものとそうでないものを区別する物差しが、益虫や害虫という言葉を生んだ。そのどちらでもない、ただの虫は、意識に入らなければ、その存在自体が無視される。

だが、稲葉光國氏は教えてくれた。

田んぼの中には、殺さねばならない虫などいない。それぞれに天敵がいて、食物連鎖の中に組み込まれているだけだ、と。

小学生の時、さまざまな個性と異なる意見を持つ子どもたちがいる教室で、〈多様性〉ということばをあえて意識することもなかったように思う。

金子みすゞの〈みんなちがって、みんないい〉を24時間実践しているようなあの環境で、感じやすい年頃であっても、自分と誰かを比べる必要性も感じなかったのは、誰もが皆、それぞれに、砂場の砂をそっと両手でかき分けるように、自分にとって居心地の良い場所を作っていたからだ。

全ての生き物が役割を持ち、相互に影響しあって完璧なバランスを作り出している田んぼを見ると、在りし日の教室の風景が目に浮かんでくる。

２４００年もの間、米を作る場所だった田んぼは、今や近代化によって断ち切られた、私たち人間と大地のつながりを取り戻すための、貴い存在だろう。

土に触れると、多様な土壌微生物が手のひらの常在菌と共振し、神経が休められてくる。

農を通して、私たちも自然の一部であったと思い出すことは、決して偶然でも錯覚でもない、科学的作用なのだ。

同じ品種、同じ肥料で作付けしても、なぜそこに棲む生きものが違うのか。国土の7割を森林が占め、亜熱帯から亜寒帯まで幅広い気候を持つ島国、先進国で唯一野生の猿が生息し、四季の移り変わりを感じながら、細やかな虫の声を音楽のように聞き分ける私たち日本人の感性は、水田という小宇宙と共に育まれてきた。

その価値を、一体私たちは、この先どれだけ、次世代にバトンタッチできるだろう。全国どこでも同じように導入できるテクノロジーは、本当に農家の人々の見る目や嗅覚、風や太陽を感じる力、生きものたちの様子を見て、経験から判断する能力や勘を、超えられるとでもいうのだろうか。

競争が敗者を排除するような、多様性を活かす環境がないことが、個も全体もダメにする。

画一化することで効率と生産性を上げようとする近代的農法や、国境をなくし、各国の憲法を超越した共通ルールを敷き、国際化の名の下に文化や伝統、言語を軽視し、巨大な単一市場に統一してしまうグローバル化は、多様性を失わせ、生命を弱らせる、持続不可能な滅びの道だろう。

前出の土壌研究者の横山和成博士に、世界一の品質を持つ日本の資産である土について聞いてみた時のことを思い出す。

「なぜ日本の土壌はそんなに豊かなんでしょう？」

「これは推測の域を出ませんが、国土の成り立ちが関係していると思います。今も続いている活発な造山運動によって継続的に供給されるミネラル物質と、アジアモンスーンによって育てられた豊かな自然生態系から絶えず供給される有機物によって土壌微生物生態系が豊かさを維持し続けているのだと思います。

日本という国は、ありとあらゆる空間が、微生物ジーンプールで満ちているとしか思えません。そのジーンプールを決して壊さなかった先祖にこそ、私は誇りを感じます。

彼らが自然全ての真髄として思い描いた八百万《やおよろず》の神々は、地球生命圏の成り立ちを正に言い当てているのではないでしょうか。この豊かな自然に支えられた土壌がある限り、日本人は生きてゆけるでしょう」

ありとあらゆる空間に、微生物の多様な遺伝子がいっぱいの日本の国土を想像し、私は胸が熱くなった。

一体「食」とは、グローバルな世界の中で、安くて便利で速くて手軽でいつでもたっぷり手に入るのが当たり前の、生命の循環から切り離されたモノなのか？

それとも、生命リズムに沿った時期にしか手に入らないからこそありがたく、移り変わる季節を感じさせてくれ、シンプルに生かし合うつながりを感じながら頂戴する、大いなる輪の一部なのだろうか？

全てが循環するこの世界で、何を、どう食べるかは、いつしか私たちの血となり肉となり、価値観となってゆく。

牛や鶏や豚や魚、植物やただの虫や微生物たちは問いかけてくる。

アグロエコロジーとテクノロジー――。

壊れかけたこの世界で岐路に立つ私たち人間は、次なる食の文明としてどちらの道を選ぶのか、と。

おわりに

〈食べたものが私になる（We are what we eat）〉

母がお気に入りだったこの言葉を聞く度に、アメリカ留学時代を思いだす。

初めて行ったバーガーキングのドライブスルー、車に乗ったまま注文し、5分以内に熱々のポテトとハンバーガーが渡された、あの瞬間のことを。

速く、安く、たくさん、手軽に、季節さえ関係なく、一年中欲しい時に手に入る食文化。それは憧れのアメリカンライフスタイルの象徴のようで、何だかウキウキした。

食べるものが〈私自身〉どころか、その選択がやがて価値観にまで影響してくることなど、当時大学生の私には知る由もなかった。

それから13年後、ファストフードや超加工品などのアメリカ的食生活を続けた私は、消化器に深刻な障害を抱え、日本に帰国することになる。食べても食べても痩せてゆき、腹痛に苦しめられた。

家族も心配し、病院の胃腸薬に始まり、漢方も整体もハーブもサプリも有機食も、ありとあらゆる方法を試すも効かず、その分野に強いと紹介された慶應病院でこう言われ、絶望的な気持ちになった。

「総理と同じ消化器系の難病です。一生治りません」

そんな時、偶然出会った中国医学のある医師に、こんなことを言われた。

「あなた今まで、自分の身体を〈モノ〉扱いしてきましたね」

確かに私は気づかぬうちに、自分と自分の身体の器官を、別物のように考えていた。故障すれば薬か手術か最新テクノロジーで治し、栄養が足りなければ外から足せばいいというアメリカ人的な発想だ。医師は呆れ顔で言った。

「あのね、不健康な土に、いくら良いタネを蒔いても育たないでしょう。腸と土壌はどちらも同じ。有機食だ栄養サプリだ、の前に、まず引き算の発想で、土台を自然から貰った状態に戻しなさい」

ワラをも摑む思いで、医師の指導で薬を使わず徹底した腸内蘇生治療（＋発酵食）を実行したところ、何と3ヶ月ほどで、あれほど悩まされた症状はピタリと止まった。生まれつきお腹が強い人のように、今や何を食べてもびくともしない。以来私は、身体に入って出てゆくものは、部分でなく全体の一部としてみるようになった。〈大地にすることは子どもたちに降りかかる〉というネイティブアメリカンの言葉は本当だ。地球の生態系は土壌も人間の腸も本来完璧に調和が取れており、乱せばその一部である私たちも必ず傷を負う。

引き算の思考に変えたことで、その後、世界的に問題である気候変動の最大の原因が、現代人の「食べ方」にあり、土壌機能を蘇生させ、自然状態に戻すことが再生の鍵だということが、腑に落ちるようになった。あのままスピード重視・目的志向のままでいたら、生態系の外に食を造り出し、大地とのつながりを失わせる行き過ぎたテクノロジーも、疑問を持たず称賛していただろう。世界的有事の下で食の危機が叫ばれる中、問題の本質は80億の人口を養うフードテックではなく、食を通して他のいのちとのつながりを見つめ直す、〈生き方〉への問いだったのだ。

２０１９年の夏から取材を始め、完成まで3年以上かかったこの本に、辛抱強く併走し、最後は尋常でない体力気力胆力で支えてくれた文藝春秋の山本浩貴氏、丹念なデータ・ファクトチェックをして下さった校閲チーム、印刷所の方々、いつもそばで励ましてくれる夫や愛猫たち、堤スタッフに友人たち、忙しい中取材を受けて下さった多くの方々に、この場を借りて感謝を捧げます。「食と土と世界について書く」と決めてから、食について幾度も語り合った後、この本の完成前に逝ってしまった、最愛の母にも。いのちは全てめぐるもの、大いなる輪の中に戻るだけだから、いなくなっても悲しまないでと、最期病室で泣いている私に伝えたあの感受性は、母が残してくれた、かけがえのない宝物です。

小宇宙のような田んぼの真ん中で、私たちも微生物のように、一人一人がなくてはならない大切な存在だと教えてくれた、民間稲作研究所の稲葉光國氏との出会いは、食をめぐるマネーゲームの強欲ぶりに辟易《へきえき》する度に、勇気を与えてくれました。

水田のある祖国で良かった。一人でも多くの人が、この多様性が持つ美しさに気づいてそこに戻りさえすれば、壊れかけたこの世界がディストピアに向かうのを必ず止められると、私は信じています。

最後に、この本を最後まで読んでくれた、未来を選び取る自由を手放さないと決めている、世界中の仲間たちへ、心からの愛とありがとうをこめて。

２０２２年11月

堤　未果

参考文献一覧

はじめに

Klaus Schwab and Thierry Malleret, *COVID-19: The Great Reset*, Forum Publishing, 2020.

第1章

T・コリン・キャンベル、トーマス・M・キャンベル『チャイナ・スタディー　葬られた「第二のマクガバン報告」』（合本版）グスコー出版、２０１６年

田中宏隆、岡田亜希子、瀬川明秀『フードテック革命　世界７００兆円の新産業「食」の進化と再定義』日経ＢＰ、２０２０年

松永和紀『ゲノム編集食品が変える食の未来』ウェッジ、２０２０年

アンドレ・アンドニアン、川西剛史、山田唯人『マッキンゼーが読み解く食と農の未来』日本経済新聞出版、２０２０年

Benjamin Aldes Wurgaft, *Meat Planet: Artificial Flesh and the Future of Food*, University of California Press, 2019.

'Center For Food Safety Files Impossible Burger Lawsuit'. https://pacificlaws.com/center-for-food-safety-files-impossible-burger-lawsuit/

Stephanie Strom, 'Impossible Burger's 'Secret Sauce' Highlights Challenges of Food Tech', The New

York Times, August 8, 2017.

Morgan, Lewis & Bockius LLP, Re: Response to FDA Questions - GRAS Notice 540 Soybean leghemoglobin - Impossible Foods, Inc., May 29, 2015.

Impossible Foods, Inc., GRAS Notification for Soy Leghemoglobin Protein Preparation Derived from Pichia Pastoris: GRAS Notice（GRN）No. 737, October 2017.

Erin Brodwin, 'The inside story of how the Silicon Valley burger startup Impossible Foods is going global after its sizzling Burger King debut', Business Insider INDIA, May 16, 2019.

Elaine Watson, 'Impossible Foods replaces wheat with soy protein concentrate in its plant-based burger; says color additive petition won't delay retail launch', FoodNavigator-USA, January 8, 2019.

C. E. Hill, J. P. Myers, L. N. Vandenberg, 'Nonmonotonic Dose-Response Curves Occur in Dose Ranges That Are Relevant to Regulatory Decision-Making', Dose-Response, 2018; 16（3）.

U. S. Food and Drug Administration（FDA）, Re: GRAS Notice No. GRN 000737, July 23, 2018.

International Agency for Research on Cancer, IARC Monographs Volume 112: Evaluation of Five Organophosphate Insecticides and Herbicides. Lyon, France: World Health Organization; 2015.

'GMO Impossible Burger Positive for Carcinogenic Glyphosate', Moms Across America, May 16, 2019.

'Impossible Foods Is Now Certified for School Lunches. Its Meatless Tacos and Spaghetti Are Coming to Cafeterias Nationwide', VegNews, May 6, 2021.

'Plant-based burgers: should some be considered, 'junk foods'?', The Conversation, July 8, 2021.
Journal of Nutrition Education and Behavior, July 2021.
Amy Jones, 'World's Largest Bioreactors to Produce 'Slaughter-Free' Meat Will Be Built in the U.S.', Species Unite, May 27, 2022.
'Cultivated meat LCA and TEA: Policy recommendations', Good Food Institute.

第2章

'AquAdvantage Salmon Fact Sheet', U.S. Food and Drug Administration（FDA）, April 28, 2022. https://www.fda.gov/animal-veterinary/aquadvantage-salmon/aquadvantage-salmon-fact-sheet
'Take action! Stop the biotech industry's deregulation push for new GMOs', Corporate Europe Observatory, May 4, 2022.
『ゲノム編集―神話と現実　煙幕の中のガイドブック』ＯＫシードプロジェクト、２０２１年
Ryuichi Ono et al., 'Exosome-mediated horizontal gene transfer occurs in double-strand break repair during genome editing', Communications Biology, February 8, 2019.
柴田潤一郎『らせんを操るゲノム編集　食と医療の未来を導く』ＧＨパブリッシング、２０２２年
天笠啓祐『新しい遺伝子組み換え　ゲノム編集食品の真実』日本消費者連盟、２０２１年
"Progress' going in the wrong direction: diseased New GE pufferfish', Testbiotech, November 23, 2021.
'CRISPR gene editing may cause permanent damage - study', The Jerusalem Post, July 24, 2022.

‘A Potential Danger of CRISPR Gene Editing - and Why Base Editing May be Safer’, Boston Children’s Hospital, July 14, 2022.
‘GMO Myths and Truths（4th edition）includes new chapter on gene editing’, GMWatch, October 8, 2019.
『ゲノム編集技術を応用した製品開発とその実用化』技術情報協会、２０２１年
田部井豊監修『ゲノム編集食品　農林水産分野への応用と持続的社会の実現』エヌ・ティー・エス、２０２１年
ネッサ・キャリー『動き始めたゲノム編集　食・医療・生殖の未来はどう変わる？』丸善出版、２０２０年
‘NASDAQ: AQB Investor Notice: Investigation over Potential Wrongdoing at AquaBounty Technologies, Inc.’, SBWire, March 11, 2021.
「京大ベンチャー企業によるゲノム編集魚の商業化の動き」『バイオジャーナル』２０２１年2月号
‘BIOMILQ Successfully Makes Human Milk Outside of the Breast’, The Spoon, June 1, 2021.
‘Grow and eat your own vaccines?’, University of California, September 16, 2021.

第3章

‘Stop Corporate Capture of FAO’, Fian International, June 7, 2022.
‘#TheFoodWeWant Global Day of Action Against Corporate Control of Food Systems’, People’s Coalition on Food Sovereignty, April 15, 2021.

ＮＨＫ食料危機取材班『ランドラッシュ　激化する世界農地争奪戦』新潮社、２０１０年

'Scientists Boycott the 2021 UN Food Systems Summit', Agroecology Research-Action Collective, April 15, 2021.

Zachary Popovich, 'The need for Ukrainian land reform', Foreign Policy News, January 8, 2020.

'Ukraine Adopts Land Reform', International Trade Administration, September 30, 2020.

'Agrogeneration Completes Merger With Harmelia', U. S.-Ukraine Business Council, October 15, 2013.

'Netherlands announces €25bn plan to radically reduce livestock numbers', The Guardian, December 15, 2021.

Victor Westerkemp, 'Summer Heats Up as Furious Dutch Farmers Rage Against Nitrogen Reduction Plans', Vision Times, July 2, 2022.

'Dutch farmers protest by blocking supermarket distribution centres', Reuters, July 4, 2022.

Krishnendu Banerjee, 'UK Company Develops Mask for Cows to Control Methane Emission and Fight Climate Change', International Business Times, January 2, 2021.

Micaela Burrow, "We Are Not Slaves': European Farmers Protest Against Green Regs Decimating Food Production', Daily Caller, July 11, 2022.

Tis Hazari Court, Judgement passed on March 23, 1992, Case No.2267/90, Dehli.

第4章

Gabe Brown, *Dirt to Soil: One Family's Journey into Regenerative Agriculture*, Chelsea Green Publishing, 2018.
デイビッド・モントゴメリー『土・牛・微生物』築地書館、２０１８年
デイビッド・モントゴメリー、アン・ビクレー『土と内臓』築地書館、２０１６年
デイビッド・モントゴメリー『土の文明史』築地書館、２０１０年
マイケル・ポーラン『雑食動物のジレンマ』（上、下）東洋経済新報社、２００９年
Joel Salatin, *Salad Bar Beef*, Polyface Inc., 2018.
Jenna Gallegos, 'Gene-edited cows just secured record-fast FDA approval — here's why', Alliance for Science, March 29, 2022.
Allan Savory, Jody Butterfield, *Holistic Management: A New Framework for Decision Making*, Island Press, 1998.
Judith D. Schwartz, *Cows Save the Planet*, Chelsea Green Publishing, 2013.

第5章

Leah Shaffer, 'RNA-based pesticides aim to get around resistance problems', PNAS, December 9, 2020.
「２０２５年までに国家級生態農場１０００カ所を建設 中国農業農村部」ＡＦＰＢＢ Ｎｅｗｓ、２０２２年２月12日
温鉄軍（新郷村建設運動、ＮＲＲＭ）インタビュー

'Earn Rewards for the Way You Farm', Bayer.com
Mayank Bhardwaj, 'Angry Indian growers gather near parliament to protest over farm laws', Reuters, July 22, 2021.

第6章

稲葉光國『あなたにもできる無農薬・有機のイネつくり』農文協、２００７年
稲葉光國『太茎大穂のイネつくり』農文協、２０２１年
民間稲作研究所編「研究所通信」２０１８～２０２１年
横山和成監修『土壌微生物のきほん』誠文堂新光社、２０１５年
アルバート・ハワード『農業聖典』日本有機農業研究会、２００３年
横山和成『食は国家なり！　日本の農業を強くする５つのシナリオ』アスキー新書、２０１０年
杉山修一『すごい畑のすごい土　無農薬・無肥料・自然栽培の生態学』幻冬舎新書、２０１３年
久保幹『土壌づくりのサイエンス』誠文堂新光社、２０１７年
高田宏臣『よくわかる土中環境』ＰＡＲＣＯ出版、２０２２年
北野収、西川芳昭『人新世の開発原論・農学原論』農林統計出版、２０２２年
寒川一成『緑の革命を脅かしたイネウンカ』星雲社、２０１０年
高橋啓一『回転寿司売上げナンバー１　すし遊館の理念・戦略・戦術』燦葉出版社、２００８年
安井孝『地産地消と学校給食　有機農業と食育のまちづくり』コモンズ、２０１０年

第7章

エアハルト・ヘニッヒ『生きている土壌　腐植と熟土の生成と働き』日本有機農業研究会、２００９年
『土と健康』２０２１年10月号、日本有機農業研究会
金子美登『未来をみつめる農場』岩崎書店、１９８６年
宇根豊『天地有情の農学』コモンズ、２００７年
粕渕辰昭、荒生秀紀『自然との共生をめざすコメ作り』新農書、２０２１年
野田公夫『未来を語る日本農業史　世界のなかの日本』昭和堂、２０２０年

【写真クレジット】67頁：朝日新聞社／時事通信フォト、73頁・３０１頁：文藝春秋、93頁：dpa／時事通信フォト、99頁：ＡＦＰ＝時事、１６５頁：時事、２１８頁：民間稲作研究所、２２５頁：愛媛県今治市、２３７頁：高機能炭和歌山研究所、２４９頁：吉田俊道。他の写真はすべてゲッティイメージズ

堤 未果（つつみ みか）

国際ジャーナリスト。東京生まれ。ニューヨーク州立大学国際関係論学科卒、ニューヨーク市立大学大学院国際関係論学科修士号取得。国連、米国野村證券などを経て現職。米国と日本を中心に政治、経済、医療、教育、農政、エネルギー、公共政策など、公文書と現場取材に基づく幅広い調査報道と各種メディアでの発信を続ける。『報道が教えてくれないアメリカ弱者革命』で黒田清・日本ジャーナリスト会議新人賞、『ルポ 貧困大国アメリカ』で日本エッセイスト・クラブ賞、新書大賞を受賞。著書に『政府は必ず嘘をつく』『日本が売られる』『デジタル・ファシズム』などがある。WEB番組「月刊アンダーワールド」キャスター。

文春新書

1385

ルポ 食《しよく》が壊《こわ》れる
私《わたし》たちは何《なに》を食《た》べさせられるのか？

2022年12月20日　第1刷発行
2024年 8 月31日　第3刷発行

著　者　堤　未果
発行者　大松芳男
発行所　株式会社　文藝春秋

〒102-8008　東京都千代田区紀尾井町3-23
電話（03）3265-1211（代表）

印刷所　理想社
付物印刷　大日本印刷
製本所　大口製本

定価はカバーに表示してあります。
万一、落丁・乱丁の場合は小社製作部宛お送り下さい。
送料小社負担でお取替え致します。

ISBN978-4-16-661385-4